高等职业教育智能制造专业群
"德技并修 工学结合"
系列教材

产品三维设计

广州中望龙腾软件
股份有限公司　　　组编

曾文瑜 牟自力　　主编

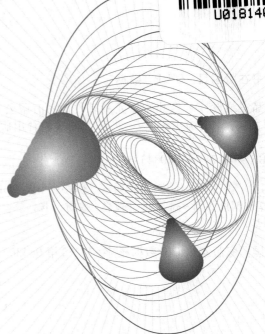

INTELLIGENT MANUFACTURING

中国教育出版传媒集团
高等教育出版社·北京

内容简介

本书为高等职业教育机械设计类"岗课赛证"融通系列教材之一,也是高等职业教育新形态一体化教材。本书从实用角度出发,以实例应用为主线,主要内容包括中望 3D 2023 软件的建模入门、草图绘制、实体建模基础、实体建模进阶、曲面设计、装配与装配动画、工程图、综合实训,共八个项目。本书以具体零部件为载体,设计工作任务,以工作过程为导向,按照项目化要求进行编写。由浅入深,由易到难,使读者能轻松地从入门到精通。

本书可作为高等职业院校、应用型本科院校校装备制造大类相关专业的课程教材,也可作为企事业单位制造加工领域工程技术人员的参考用书。

本书配有教学视频(扫描书中二维码直接观看)、电子课件、素材源文件和在线开放课程。授课教师如需要本书配套的教学课件资源,可发送邮件至邮箱 gzjx@ pub. hep. cn 获取。

图书在版编目(CIP)数据

产品三维设计 / 广州中望龙腾软件股份有限公司组编;曾文瑜,牟自力主编. -- 北京:高等教育出版社,2023.7

ISBN 978-7-04-060343-9

Ⅰ.①产… Ⅱ.①广… ②曾… ③牟… Ⅲ.①产品设计-计算机辅助设计-高等职业教育-教材 Ⅳ.①TB472-39

中国国家版本馆 CIP 数据核字(2023)第 064302 号

Chanpin Sanwei Sheji

策划编辑	吴睿韬	责任编辑	吴睿韬	封面设计	贺雅馨	版式设计	童 丹
责任绘图	于 博	责任校对	胡美萍	责任印制	赵义民		

出版发行	高等教育出版社	网　址	http://www.hep.edu.cn
社　址	北京市西城区德外大街 4 号		http://www.hep.com.cn
邮政编码	100120	网上订购	http://www.hepmall.com.cn
印　刷	北京中科印刷有限公司		http://www.hepmall.com
开　本	787mm×1092mm　1/16		http://www.hepmall.cn
印　张	18.25		
字　数	480 千字	版　次	2023 年 7 月第 1 版
购书热线	010-58581118	印　次	2023 年 7 月第 1 次印刷
咨询电话	400-810-0598	定　价	49.80 元

前　言

  本书以国家职业技能标准为依据，遵循"岗课赛证"融通育人模式，以机械设计与制造岗位群核心技能为基础，综合相关职业技能等级证书考核点，对接全国职业院校技能大赛工业设计技术赛项，以典型工作任务为载体设计教材内容，培养学生的综合职业能力。

  本书按照工作过程对每个实践项目的知识和技能进行了详细阐述，同时对不同项目进行分析总结，搭建出整个课程知识、技能的脉络。全书内容涵盖中望 3D 2023 软件的建模入门、草图绘制、实体建模基础、实体建模进阶、曲面设计、装配与装配动画、工程图、综合实训共八个项目。其核心目标是通过任务引导学生掌握学习方法，为其在实际工作中完成设计任务打下基础。本书在编写中积极践行课程思政理念，深入贯彻党的二十大精神，融入自信自强、守正创新、工匠精神、责任意识等思政育人元素。

  本书是机电一体化技术"双高"专业群平台课程"机械产品数字化设计"的配套教材，配有大量视频教学内容，以二维码形式置于相关知识点与技能点处，学生通过手机扫码即可观看，便于学习和理解。此外还有电子课件、素材源文件等教学资源，可方便实现"线上+线下"混合式教学。

  本书编者均具有多年计算机辅助设计工作和教学经验，其中九江职业大学曾文瑜、广东职业技术学院牟自力担任主编，辽宁轻工职业学校吕洪燕、张家口职业技术学院许艳霞、安徽职业技术学院张作胜、乌鲁木齐职业大学刘会景担任副主编，辽宁轻工职业学校齐爽、张家口职业技术学院陈蕊妍、九江职业大学赵珍珍参编。具体编写分工如下：曾文瑜编写项目一、项目六，赵珍珍编写项目二，吕洪燕编写项目三，齐爽编写项目四，张作胜编写项目五，许艳霞编写项目七，陈蕊妍编写项目八，牟自力、刘会景编写各项目的项目实战。本书配套的教学视频、电子课件和素材源文件等学习资料均由对应项目编写人制作。全书由曾文瑜负责统稿、审阅。

  本书在编写过程中参考了许多同行所编著的教材和资料，在此表示衷心感谢！由于编者水平有限，书中难免存在一些疏漏，敬请广大读者批评指正。

编　者

2023 年 2 月

目 录

项目 **一**

建模入门

⚙ 【学习指南】

　　自动化、信息化是当今世界制造业发展的必然趋势,传统制造业正在发生巨大的变化,计算机辅助设计就是随着计算机和新一代信息技术发展而形成的一项高新技术。中望 3D 是一款国产工业设计软件,在工业设计、机械产品设计、模具设计、数控加工等 CAD/CAM/CAE 技术领域有着越来越丰富的应用。

　　本项目主要介绍中望 3D 2023 软件的界面环境和基本操作。通过本项目的学习,读者将对中望 3D 2023 软件的工作环境及操作方法有一个比较全面的了解,为后续的深入学习打下基础。

⚙ 【思维导图】(图1-1)

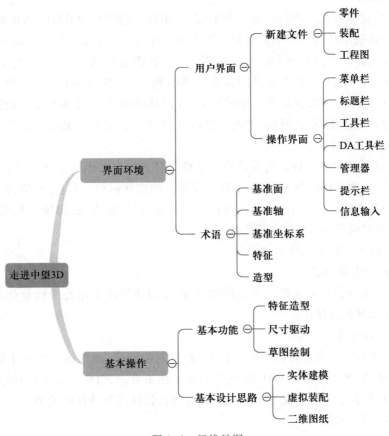

图 1-1　思维导图

【X证书技能点】

- 基本界面操作。
- 对象操作。
- 自定义操作。
- 管理器操作。

项目认知　中望3D软件简介

1. 中望3D软件的特点

（1）参数化设计和特征功能

中望3D是采用参数化设计的、基于特征的实体模型化系统软件,工程设计人员采用基于特征的功能来生成模型,如拔模、孔、倒角、筋、唇缘等,可以随意勾画草图,任意改变模型。这一功能特性给工程设计者提供了在设计上更大的简易性和灵活性。

（2）单一数据库

中望3D软件建立在统一图层的单一数据库上,不像一些传统的CAD/CAM系统建立在多个数据库上。单一数据库是指工程中的资料全部来自一个库,使得每一个独立用户都可以为同一件产品的造型而工作。产品在整个设计过程的任何一处发生改动,都可以联动反映在整个设计过程的相关环节上。例如,一旦工程详图有改变,NC(数控)工具路径也会自动更新;组装工程图如有任何变动,也同样会反映在整个三维模型上。这种独特的数据结构与工程设计的完美结合,可以使产品的设计更优化、质量更高、价格也更便宜,有利于产品更好地推向市场。

（3）以特征为设计单位

中望3D软件是一款基于特征的实体模型建模工具。它可以根据工程设计人员习惯的思维模式,以各种特征作为设计的基本单位,方便创建零件的实体模型。如拉伸、旋转、扫掠、放样等,均为零件设计的基本特征。基于这些特征创建实体,更自然、更直观,无须采用复杂的几何设计方法;还可以随意勾画草图,任意改变模型。

2. 中望3D软件在机械设计中的应用

① 轻量化模型批量加载。

中望3D软件支持快速导入第三方装配体,装配体内部的模型都处于轻量化状态,支持在装配树上选择多个部件执行操作。

② UDF提升设计效率。

设计人员在进行零件设计时,往往会遇到一些重复的特征,例如箱体零件上的螺钉孔、阶梯孔,轴类零件的键槽,覆盖件上LOGO等,这些特征虽然不复杂,但是需要大量时间和精力来做重复工作,中望3D软件的UDF功能能大大提升设计师在设计这类特征时的效率。

③ 3D裁剪生成工程图。

对于大型装配的工程设计经常需要按区域或分工进行出图,或者对局部空间出详细布置图,中望3D软件的裁剪功能可以实现对工程图进行投影区间的限制,通过改变矩形裁剪框的位置、大小实现对模型任意区间的投影控制,对选定区域内的模型生成工程图。

任务一　基本操作

【学习目标】

(1)能使用中望3D软件设计零件建模思路。
(2)能控制二维零件模型的显示方式。
(3)能使用鼠标对模型进行缩放、旋转、平移操作。
(4)能改变三维模型视角的显示方式。

【相关知识点】

1. 初始界面

首次打开中望3D 2023软件时,系统打开的初始界面如图1-2所示。

图1-2　初始界面

软件默认的皮肤为"黑曜石",可以在"标题栏"位置单击鼠标右键对软件皮肤进行更改,可用皮肤包含钻蓝、天蓝、黑曜石、银灰、海蓝等。如图1-3所示为将皮肤设置为"海蓝"的效果图。

在初始界面环境下,用户除了可以进行文件新建和打开的操作外,还可以使用软件提供的"边学边用"功能。这是一个独特的培训系统,用户可以通过该系统在使用软件的过程中得到全

图1-3　"海蓝"皮肤效果图

程指导。系统会显示并提示每一个操作步骤,用户可以在系统的提示下进行操作。单击初始界面上方的"帮助"按钮 帮助(H) ,在弹出的下拉菜单中选择"边学边用",进一步弹出的子菜单中包含"简介""建模""装配""工程图""更多"(自动链接到官网社区)、"打开"(打开现有的"边学边用"素材)等命令,如图1-4所示。选择"简介",打开如图1-5所示的"边学边用简介"模块。可以通过左右按钮 ← → 进行翻页,单击"退出"按钮 ✕ ,可退出"边学边用简介"模块。

图1-4　"边学边用"子菜单

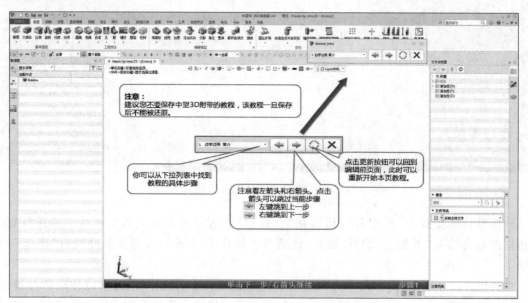

图1-5　"边学边用简介"模块

中望3D软件还为用户提供了"训练手册"功能,其子菜单,如图1-6所示,包含"CAD_产品设计""CAM_铣削""Mold_模具设计""更多"(打开现有的PDF资料)等命令。

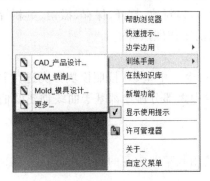

图1-6 "训练手册"子菜单

2. 建模环境

新建或打开一个文件后,可以激活并进入建模环境界面,如图1-7所示。

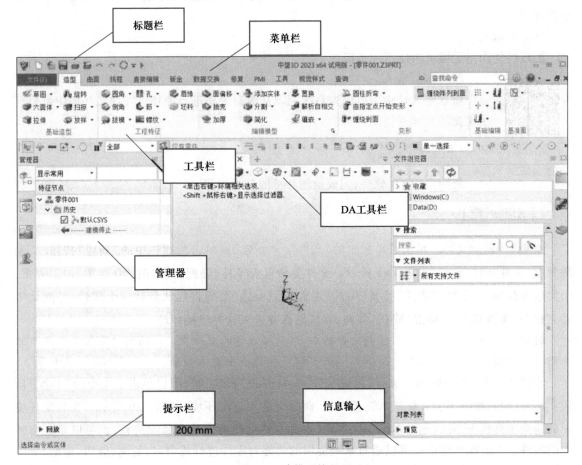

图1-7 建模环境界面

（1）菜单栏

菜单栏配有下拉菜单操作命令,下拉菜单中有子菜单。菜单栏中的大部分功能也可以通过工具栏中的功能图标操作命令代替。

（2）标题栏

标题栏配有常用的操作命令，如新建、打开、保存、撤销、更新等。另外，还显示当前软件版本信息、工作文件（激活零件）、当前工作图层等。

（3）工具栏

工具栏配有功能图标操作命令。中望 3D 按照模块分类进行管理，如造型工具栏中大部分命令都基于实体建模，线框工具栏中大部分命令都基于曲线创建及曲线操作，模具工具栏中大部分命令都基于模具设计等。

（4）DA 工具栏

DA 工具栏将实际工作中使用频率非常高的命令集成在一起，布局在绘图区上方最方便单击的位置，方便用户获取功能。

（5）管理器

各种操作管理器在不同的环境中表现不同。例如，建模环境中包含历史特征管理、装配管理、图层管理、视图管理、视觉管理；加工环境中包含加工操作管理；工程图中包含图层管理和表格管理等。

（6）提示栏

提示栏的作用是提示用户下一步操作。

（7）信息输入

信息输入是指可以输入系统能识别的命令来进行操作。在加工环境中可以显示捕捉的坐标点信息。

中望 3D 软件
基本操作

【实例描述】

使用中望 3D 软件，完成绘图环境的基本设置。

【实施步骤】

步骤 1　新建文件。 单击菜单栏中的"文件"→"新建"或单击标题栏中的"新建"按钮，系统弹出"新建文件"窗口，如图 1-8 所示。文件类型包含零件、装配、工程图、2D 草图、加工方案，子类包含标准、钣金等。选择"类型"中的"零件"图标，系统将默认新建一个零件，并默认零件名称为"零件 001"。单击"确认"按钮，系统激活并进入软件建模环境。

说明： 系统会自动记录使用过的文件路径，不允许新建的零件在这些路径的目录中与现有零件同名。中望 3D 软件的文件格式为"＊.Z3PRT"，支持全中文名称及包含中文名称的文件夹。

步骤 2　进入装配环境。 选择"新建文件"窗口中的"装配"时，可以单击子类中的"装配"按钮。此时系统并不会直接进入建模环境，而是会进入装配环境，如图 1-9 所示。在装配环境中的造型工具栏下，可以创建多个不同零件，这些零件之间可以具有装配关系，也可以是各自独立的零件。在装配环境中还可以通过系统提供的功能对零件进行重命名、复制、剪切、粘贴、删除等操作。如果想编辑某个零件，直接双击该零件或者通过右键单击该零件，在弹出的快捷菜单中选择"打开零件"→"编辑零件"，即可激活并进入该零件的工作环境设置基准面、基准轴及坐标系。

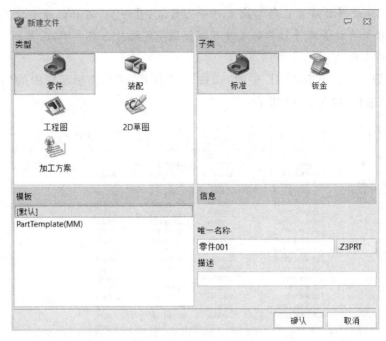

图1-8　"新建文件"窗口

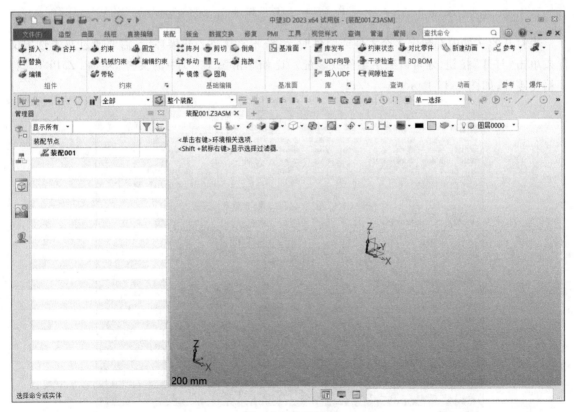

图1-9　装配环境

说明：中望3D软件具有自己独特的文件管理方式，在一个.Z3PRT文件内部允许包含多个零件对象，这就使含有许多组件的装配文件可以按照组件进行内部管理，而无须将组件显示在硬盘中，使文件管理更简洁。

步骤3　打开文件。单击菜单栏中的"文件"→"打开"或单击标题栏中的"打开"按钮，系统弹出"打开"窗口，如图1-10所示。

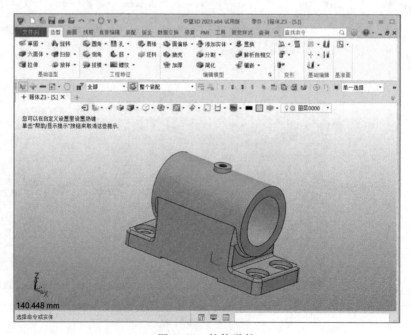

图1-10　"打开"窗口

当打开的文件内部包含多个零件或组件时，系统不直接进入建模环境，需要通过双击选定文件或单击"打开"按钮，才可以激活零件或装配。比如单击图1-10中的文件"箱体.Z3PRT"，打开箱体零件，如图1-11所示。

图1-11　箱体零件

说明：在"打开"窗口的右下方，系统提供了 5 种不同的"快速过滤器"选项 ，分别为零件、装配、工程图、加工方案和 Z3 格式。可以通过选择"快速过滤器"中的选项过滤出需要显示的对象。比如选择"零件"选项，可以过滤出所有零件的模型文件。

在"搜索"文本框 中输入文件名，单击"显示预览窗格"按钮 ，勾选"搜索"窗口下方的"预览"选项，可以预览该零件的模型，如图 1-12 所示。

如果安装了 TransMagic R9（安装光盘中有）插件，则可以通过直接打开文件的方式打开其他三维软件格式的文件，而不需要对零件进行格式转换。如图 1-13 所示为其支持的兼容文件格式，包含 CATIA、Inventor、ProE、SolidWorks、NX 等常见的三维软件格式。

图 1-12　预览零件模型

步骤 4　输入文件。单击菜单栏中的"文件"→"输入"，系统弹出"批量输入"窗口，如图1-14 所示。中望 3D 软件支持常见的文件转换格式，如 Auto CAD、IGES、STEP、Parasolid、STL 等，同时支持直接导入其他常见的三维软件格式文件。单击菜单栏中的"文件"→"输出"，系统弹出"批量输出"窗口，如图 1-15 所示。

图 1-13　兼容文件格式

图 1-14　"批量输入"窗口

步骤 5　保存文件。单击菜单栏中的"文件"→"保存"或单击标题栏中的"保存"按钮 ，保存零件至当前状态。

步骤 6　保存副本。单击菜单栏中的"保存"→"另存为"，可以将当前文件保存为另一个文件。单击菜单栏中的"保存"→"保存全部",保存当前文件下的所有零件。单击菜单栏中的"文件"→"保存"→"保存副本",在当前目录下保存一个文件副本。

步骤7 关闭文件。单击菜单栏中的"文件"→"关闭",关闭当前零件。单击菜单栏中的"关闭"→"全部关闭",关闭所有已打开零件。单击菜单栏中的"关闭"→"关闭/保存",保存当前零件后退出工作环境。

步骤8 退回建模环境。单击 DA 工具栏中或右键快捷菜单中的"退出"按钮 ⏎，可以退出当前工作环境，回到上一级工作环境。如在草图环境中，通过退出操作可以回到建模环境；在建模环境中，通过退出操作可以回到对象环境。

步骤9 激活零件窗口。单击菜单栏中的"文件"→"打开文件"，可以在已打开的文件中切换（激活）零件窗口。

步骤10 删除特征。通过单击 DA 工具栏中的"删除"按钮 ✏ 或按键盘上的 Delete 键可以删除选择的特征。

步骤11 设置工作目录。可以通过右键快捷菜单将

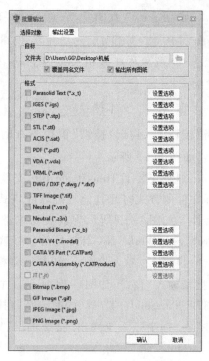

图 1-15 "批量输出"窗口

某个文件夹设置为工作目录。设置工作目录后，"打开"面板中的默认目录为工作目录；未设置工作目录时，"打开"面板中的默认目录为上一次打开文件的目录。也可以通过右键快捷菜单设置快速访问目录，如图 1-16 所示。

步骤12 过滤器列表。通过设置对实体中的某个面进行删除，可以将实体造型转化成片体造型。在选择过程中要注意"过滤器列表"的应用，"过滤器列表"位于 DA 工具栏中，如图 1-17所示。

图 1-16 设置快速访问目录

图 1-17 过滤器列表

说明：在实际设计中，难免会出现误操作，可以通过单击标题栏中或右键快捷菜单中的"撤销"按钮 ⌒，撤销上一步操作。系统默认支持撤销75步，如果需要更多撤销步骤，可以更改系

统配置中"最大撤销步骤"的数值。单击"重做"按钮 ![重做按钮]，可以回到撤销前的状态。

步骤 13 隐藏/显示。"隐藏/显示"功能位于 DA 工具栏中，如图 1-18 所示。

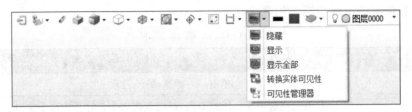

图 1-18 "隐藏/显示"功能

"隐藏"是隐藏所选择的图素。

"显示"是从当前隐藏的图素中选择图素进行显示。

"显示全部"是将所有被隐藏的图素显示出来。

"转换实体可见性"是将当前显示的图素隐藏，将隐藏的实体显示出来。

"可见性管理器"是将造型、线框、基准面、注释等类型显示出来或隐藏。

步骤 14 着色/消隐。"着色/消隐"显示功能位于 DA 工具栏中，如图 1-19 所示。在装配文件中，如果想让某个组件透明或以线框方式显示，可以单击"着色/消隐"按钮，选择"消隐线虚线"，如图 1-20 所示。

图 1-19 "着色/消隐"显示功能

步骤 15 鼠标功能。中望 3D 软件将常用的编辑命令集成在右键快捷菜单中，单击右键可以快速调出更改某一特征的相关命令，而且针对不同特征单击右键，弹出的快捷操作命令也不同。如右键单击一个实体面，系统将弹出反转曲面方向、对齐面、切换实体透明等与面相关的操作命令；右键单击一条实体边，系统将弹出倒圆角、倒角、拔模等与边相关的操作命令。如果双击绘图区中的某一特征（如实体边），与该特征相关的排在第一位的右键快捷操作命令将被激活（即排在第一位的倒圆角命令将被激活）。

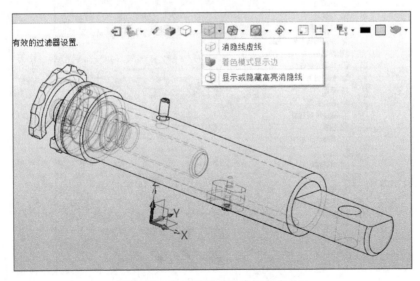

图 1-20 组件透明或以线框方式显示

说明:如果想修改最后一步创建的特征,只需在绘图区空白位置单击鼠标右键,即弹出"重新定义最后一步"功能 ▇(排在快捷菜单第一位),通过该功能可以快速编辑最后一步特征。

中望 3D 软件中的鼠标功能参见表 1-1。

表 1-1　鼠 标 功 能

鼠标键	功能
左键	单击——激活命令、选取
	双击——选中某一图标双击,调用默认命令并打开该命令窗口
	按住并拖动——框选
中键	单击——替代"确定"功能、重复上一次命令
	滚动——缩放
	按住并拖动——平移
右键	单击(空白)——弹出系统环境默认快捷菜单
	单击(选中)——弹出适合选中图标的快捷操作命令
	按住并拖动——旋转

在不同的环境下按住 Shift 键,然后向相应的方向拖动鼠标,即可实现快速调用命令,调用的命令也可以根据需要进行自定义修改。选择"自定义"→"快速操作",即可打开"鼠标手势"配置面板,如图 1-21 所示。

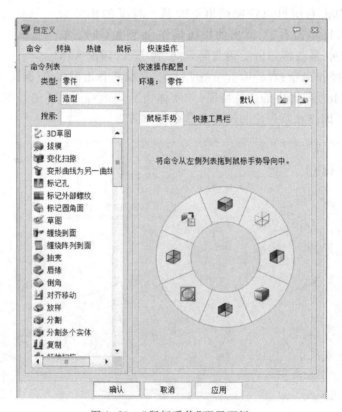

图 1-21　"鼠标手势"配置面板

任务二 初 次 体 验

【学习目标】

（1）能控制模型显示视角。
（2）能测量模型的几何尺寸。
（3）能控制视图旋转中心。

【相关知识点】

1. 模型显示模式和显示视角

在中望 3D 软件中,模型显示模式和显示视角均可以在 DA 工具栏中进行切换,如图 1-22
所示。

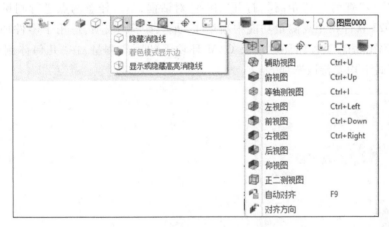

图 1-22 模型显示模式和显示视角

着色模式和线框模式是最常见的两种显示模式,可以通过 Ctrl+F 组合键进行切换,如图
1-23 所示。

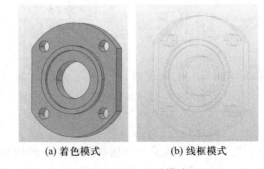

(a) 着色模式   (b) 线框模式

图 1-23 显示模式

13

除了系统提供的几种常见视图类型以外，有时候需要调整到特别的视角去查看整个模型。这时候可以选择"视图管理器"→"自定义视图"，创建一个新的视图，这样就可以在任意时刻切换到自定义视角了。创建新视图如图 1-24 所示。

图 1-24　创建新视图

2. 最大距离测量

选择"零件"→"查询"→"距离"，打开"距离"对话框，单击任意两点进行测量，如图 1-25 所示。中望 3D 2023 软件在距离测量功能中新增了"最大距离"选项，适用于零件环境、装配环境、草图环境、3D 草图环境、工程图环境以及 CAM 环境下的距离测量，在"几何体到点""几何体到几何体"测量模式下均支持该选项。

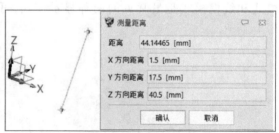

图 1-25　距离测量

3. 智能旋转中心

中望 3D 2023 软件在 DA 工具栏中提供了一个选择旋转中心的切换按钮，提供"智能旋转中心""绕视图原点""绕包络框中心"和"绕鼠标位置"4 个选项，如图 1-26 所示，方便用户切换视

图旋转中心。

图 1-26　设置视图旋转中心

【实例描述】

采用中望 3D 软件绘制如图 1-27 所示的圆柱体。

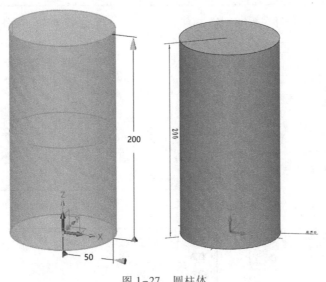

图 1-27　圆柱体

中望 3D 软件
初次体验

【实施步骤】

　　步骤 1　新建文件。启动中望 3D 软件,选择"文件"→"新建",或单击"新建"按钮□。如图 1-28 所示,选择文件类型为"零件",使用"默认"模板,将"唯一名称"改为"圆柱体",单击"确认"按钮。单击"造型"工具栏,在弹出的"基础造型"菜单栏,选择"拉伸"→确定,零件建模如图 1-29 所示。

　　步骤 2　绘制草图。单击"拉伸"按钮■,打开"拉伸"对话框,如图 1-30 所示。默认下,"拉伸"对话框中的"拉伸类型"选项**拉伸类型**[2边]处于选中状态。单击造型工具栏上的"草图"按钮✍,打开草图绘制框,单击"确定"按钮✓,进入草绘环境。单击"圆"按钮○,打开"圆"对话框,如图 1-31 所示。

　　步骤 3　拉伸特征。单击 X-Y 坐标系原点,拾取圆心坐标(0,0),输入半径 50,如图 1-32 所示。单击"确定"按钮✓,再单击"退出"按钮⬅。回到"拉伸"对话框,输入结束点 200,如图 1-33 所示。鼠标移至绘图区,单击鼠标左键确定,得到拉伸的圆柱体,如图 1-34 所示。

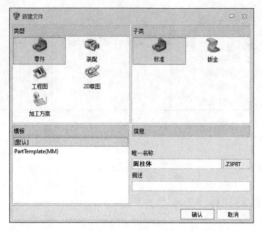

图 1-28　新建文件

图 1-29　零件建模

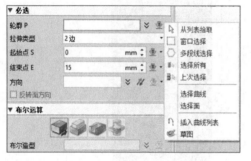

图 1-30　"拉伸"对话框

图 1-31　"圆"对话框

图 1-32　输入半径

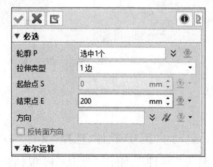

图 1-33　输入结束点

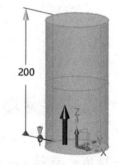

图 1-34　拉伸圆柱体

步骤 4　拉伸建模。单击"拉伸"对话框中的"确定"按钮 ，完成如图 1-27 所示圆柱体的参数化建模。

步骤 5　转换视角。单击 DA 工具栏上的"显示视角"按钮 ，弹出"显示视角"窗口，选择需要的视角类型，绘图区中的图形就会转换到选定的视角。

步骤 6　显示模型。分别向上、向下滚动鼠标中键，可以放大、缩小零件模型。按住鼠标右键后拖动，可以旋转零件模型。按下鼠标中键后拖动，可以平移零件模型。

步骤 7　保存文件。单击标题栏中的"保存"按钮 ，弹出"保存"窗口，选择保存路径，输入文件名称，单击"保存"按钮，即可保存文件。

项目 二

草图绘制

⚙【学习指南】

　　大部分三维建模的特征都是从二维草绘(草图绘制)开始的,二维草绘是由一组线段或曲线组合而成的,具有特定意义的,用于定义特征的截面形状、尺寸和位置等的图形,二维草绘设计是三维模型创建的基础,可以在任何默认的基准面(X-Y平面、X-Z平面、Y-Z平面)上生成二维草绘。

　　实体创建过程离不开二维草绘,对于设计人员来说,掌握草绘的基本知识是非常重要的。只有熟练掌握二维草绘设计的各项功能,才能迅速、高效地应用中望3D软件进行三维建模及后续分析。

⚙【思维导图】(图2-1)

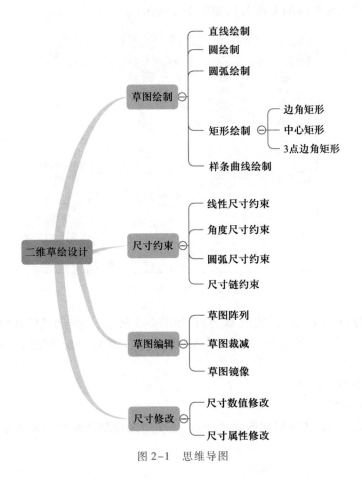

图2-1　思维导图

【X证书技能点】

- 二维草绘的概念。
- 草图的基本绘制。
- 草绘的约束及标注。
- 草绘的相关编辑。

项目认知 二维草绘基础知识

参数化草图绘制是创建各种零件特征的基础,它贯穿整个零件的建模过程,不论是三维特征的创建、工程图的创建还是二维组装示意图的创建都要用到它。

1. 草绘工作界面

单击标题栏中的"新建"按钮□或单击菜单栏中的"文件"→"新建",在弹出的"新建文件"窗口中选择"2D草图"类型,在"唯一名称"栏输入草绘图名称,如"草图001",后缀名为".Z3SKH"(或接受系统默认的文件名),如图2-2所示。

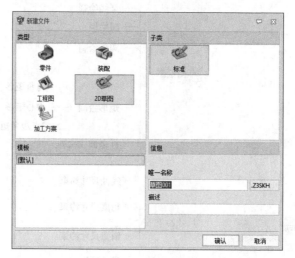

图2-2 新建2D草图

单击"确认"按钮,系统进入草绘工作界面,如图2-3所示。它与中望3D软件初始界面不同的是:在菜单栏中新增"草绘"选项,取消"插入"选项;在工具栏中新增绘图工具栏等;在绘图区上方新增草绘器工具栏。

2. 与草绘有关的工具栏

(1)草绘器工具栏

绘图区上方的草绘器工具栏如图2-4所示,主要用来控制草绘过程及在草绘图中是否显示尺寸、几何约束等。

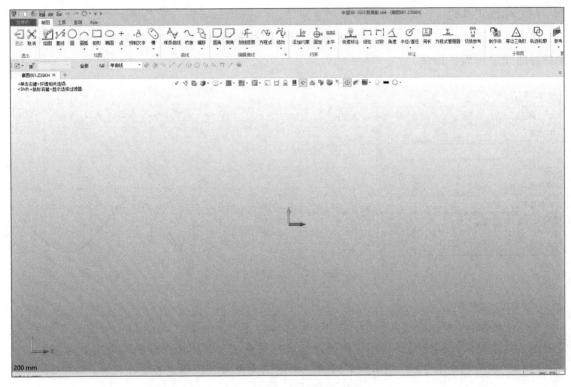

图 2-3 草绘工作界面

图 2-4 草绘器工具栏

（2）绘图工具栏

绘图工具栏如图 2-5 所示，将绘制直线、圆、圆弧、矩形、椭圆、点、预制文字、槽等命令以图标按钮的形式给出。

图 2-5 绘图工具栏

（3）子草图工具栏

单击子草图工具栏上的"等边三角形"右侧的下拉按钮，打开如图 2-6 所示的图形模板。默认情况下，子草图有多种图形模板，各图形模板均为系统提供的特殊形状的草绘文件，使用时，相当于从数据库中复制这些文件到当前草绘文件中。

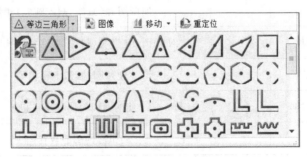

图 2-6 子草图图形模板

（4）标注工具栏

单击标注工具栏上的"快速标注"按钮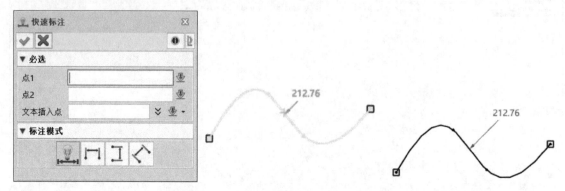，打开"快速标注"对话框，如图 2-7 所示。该命令支持对曲线进行周长标注。

图 2-7　快速标注

（5）约束工具栏

在草绘环境中，可以通过各种绘图工具、尺寸标注工具和编辑工具绘制几何图元。但是，仅凭上述工具绘制的几何图元还很难达到设计要求。约束工具栏则可以帮助解决这个问题。

"约束"工具栏中有 11 种几何约束形式。常用约束符号及说明见表 2-1。

表 2-1　常用约束符号及说明

约束符号	名称	说明
HORZ	水平	使直线水平或使两点沿水平方向排列
	竖直	使直线竖直或使两点沿竖直方向排列
	对称	使两点或两图元端点关于中心线对称
⊥	垂直	使两图元（直线、圆或圆弧）垂直相交
//	平行	使两条直线平行
	共线	使两点重合，点落于图元上或共线
○	相切	使两图元（直线、圆或圆弧）相切
	等长	使两图元（直线、圆、圆弧、曲线）长度相等
⁾=⁾	等半径	使两圆/圆弧半径相等
	等曲率	使两曲线的曲率半径相等
◎	同心	将两个圆的圆心放在同一点

中望 3D 2023 软件部分草绘功能的改进见表 2-2。

表 2-2　中望 3D 2023 软件部分草绘功能的改进

草绘功能	改进说明	图例
智能约束推断	基于已选对象自动推断约束:选择几何实体后,将自动弹出约束工具栏,提供可添加的约束。若用户未进行选择,工具栏将自动消失	
支持连续输入	在"水平/竖直/对称/垂直/平行/共线/相切/等长/等半径/等曲率/同心"约束中,新增"连续选择"选项。勾选该选项时,支持连续输入几何实体,用户单击"OK"按钮时才会执行约束条件施加	
编辑弱标注	新增"编辑弱标注"功能,支持选择相应的弱标注,将其转换为强标注或删除	

任务一　卡通图形的绘制

【学习目标】

（1）能绘制直线、矩形、圆、点的草图。

（2）能编辑倒圆角、镜像、修剪、复制、删除等操作。

【相关知识点】

（1）草图"方框文字"支持标注。

用户有时候需要控制整体文本的高度、宽度以及所在的位置,不需要单独调整字高等参数。中望 3D 2023 软件支持对"方框文字"进行定形尺寸和定位尺寸的标注。选择"草图环境"→"绘图"→"预制文字"→"方框文字",实现文字标注,如图 2-8 所示。该功能拓展了草图"文字"的应用范围,方便用户在不同的场景中使用。

图 2-8　文字标注

（2）预制文字支持使用变量驱动，实现创建标注的变量，如图 2-9 所示。配合阵列特征可实现草图文字递增，如图 2-10 所示。

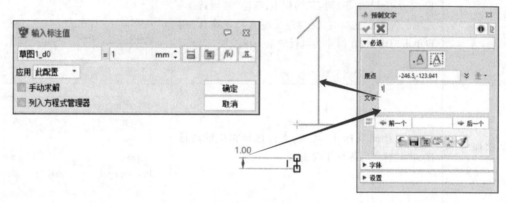

图 2-9　创建标注的变量

【实例描述】

采用中望 3D 软件绘制如图 2-11 所示卡通图形。

卡通图片的
绘制

图 2-10　阵列特征实现草图文字递增

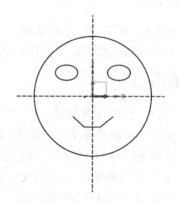

图 2-11　卡通图形

【实施步骤】

步骤 1 **新建"卡通图形"草图。**单击标题栏中的"新建"按钮，或单击菜单栏中的"文件→新建"。在"新建文件"对话框中选择零件类型为"2D 草图"，输入文件名"卡通图形"，单击"确认"按钮，进入草绘模式。

步骤 2 **绘制中心轴线。**单击绘图工具栏上的"轴"按钮，打开"轴"对话框，如图 2-12 所示。单击"两点"按钮，绘制水平中心线和垂直中心线。在绘制过程中，系统在中心线接近坐标轴时，会自动显示虚线光标的几何约束。同时，随着终点位置的移动，会显示水平和垂直的约束符号。

步骤 3 **绘制头部。**单击绘图工具栏上的"圆"按钮，打开"圆"对话框，如图 2-13 所示。单击"半径"按钮，将鼠标指针移向右上角圆弧并捕捉其圆心，拖动鼠标指针到合适位置单击，完成圆的绘制。

图 2-12 "轴"对话框

图 2-13 "圆"对话框

步骤 4 **绘制眼睛。**单击"椭圆"按钮，打开"椭圆"对话框，如图 2-14 所示。单击"中心"按钮，鼠标左键单击确定椭圆中心点，依次输入椭圆的高度和宽度两个参数值，完成椭圆的绘制。

步骤 5 **镜像眼睛。**选择需要镜像的椭圆，单击基础编辑工具栏上的"镜像"按钮，再选择中心线，完成图元的镜像。

步骤 6 **绘制嘴巴。**单击绘图工具栏上的"直线"按钮，打开"直线"对话框，单击"水平"按钮，绘制一条水平直线。单击约束工具栏上的"对称"按钮，选择对称线为垂直中心线，依次单击水平直线的两个端点，完成对称直线绘制。单击"直线"对话框中的"两点"按钮，绘制一条斜线，镜像后得到另一条斜线，完成嘴巴的绘制。

绘制卡通图形的过程如图 2-15 所示。

图 2-14 "椭圆"对话框

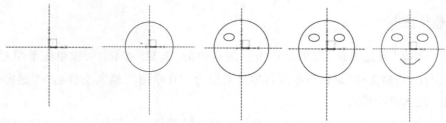

图 2-15　绘制卡通图形的过程

任务二　纺锤形垫片的绘制

【学习目标】

（1）能熟练掌握基本图元的绘制和编辑方法。

（2）能标注直线尺寸（包括水平、垂直、倾斜尺寸）、半径尺寸、直径尺寸。

【相关知识点】

（1）创建定义尺寸。

单击"快速标注"按钮，用户可以按自己的意愿标注所需尺寸。

（2）修改尺寸值。修改尺寸值的方法有两种：

第一种　鼠标左键双击尺寸，在弹出的数字窗口中输入新的尺寸数值，然后单击鼠标中键或者按 Enter 键确定，系统自动驱动，完成更改。

第二种　用拾取框选取多个需要修改的尺寸，单击设置的"标注编辑"下拉面板中的"修改值"按钮，出现"修改值"对话框，如图 2-16 所示。修改草图标注值，新值将自动驱动所定义的草图几何体。退出草图后重新生成激活零件。

纺锤形垫片
的绘制

【实例描述】

采用中望 3D 软件绘制如图 2-17 所示的纺锤形垫片。

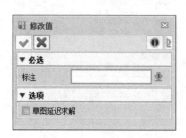

图 2-16　"修改值"对话框

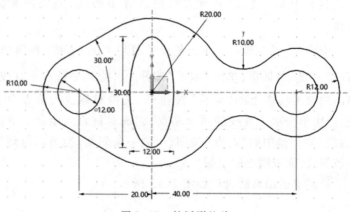

图 2-17　纺锤形垫片

【实施步骤】

步骤 1 新建"纺锤形垫片"草图。单击"新建"按钮 📄,"类型"选择"2D 草图",输入文件名"纺锤形垫片",单击"确认"按钮。

步骤 2 绘制中心轴线。单击绘图工具栏上的"直线"下拉按钮 ✏️,从打开的下拉列表中选择"轴"按钮 ╱,然后在草绘区绘制一条竖直中心线和一条水平中心线,如图 2-18 所示。

步骤 3 绘制圆弧。单击绘图工具栏上的"圆弧"下拉按钮 ⌒,打开下拉列表,从中选择"通过弧圆心和端点创建圆弧"按钮 ⌒,然后在草绘区的水平中心线上单击任意一点作为圆弧的起点,最后单击圆弧圆心正上方的圆弧上一点,使圆弧圆心角为 90°,如图 2-19 所示。

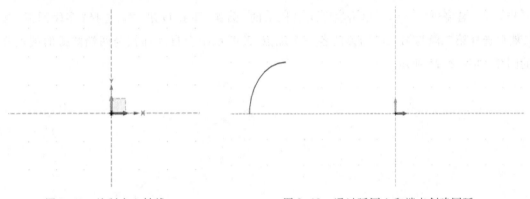

图 2-18 绘制中心轴线   图 2-19 通过弧圆心和端点创建圆弧

步骤 4 重复步骤 3。绘制另一段圆弧,如图 2-20 所示。

图 2-20 绘制另一段圆弧

步骤 5 重复步骤 3。此时绘制的圆弧是关于竖直中心线对称的,如图 2-21 所示。

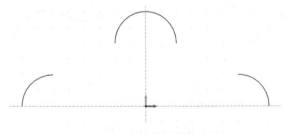

图 2-21 绘制中心对称圆弧

步骤6　绘制连接直线。 单击绘图工具栏上的"直线"按钮 ⁄，绘制与两段圆弧连接的一条直线，如图 2-22 所示。

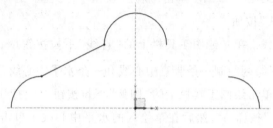

图 2-22　绘制连接直线

步骤7　绘制连接圆弧。 单击绘图工具栏上的"圆弧"下拉按钮 ⌒，选择"多段圆弧"按钮 ⃧，然后选择第二段与第三段圆弧的各一个端点，此时系统会自动捕捉与两端圆弧的端点都相交的圆弧，如图 2-23 所示。

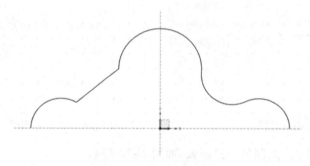

图 2-23　绘制连接圆弧

步骤8　添加约束。 单击约束工具栏上的"共线"下拉按钮，选择"相切"按钮 Ω，此时系统打开"相切"对话框，然后在草图上依次选择相连接的圆弧或圆弧与直线，在上述各曲线相交处加入相切约束，此时系统在相切处添加相切约束标记 Ω。

步骤9　标注尺寸。 单击标注工具栏上的"快速标注"按钮，然后在草图上选择圆弧的圆心，标注圆心距离，如图 2-24 所示。

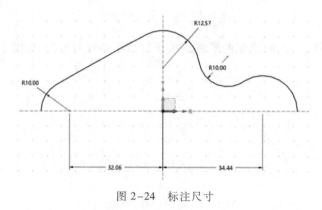

图 2-24　标注尺寸

步骤 10 **镜像草绘**。双击草图上的尺寸,在弹出的数值窗口中输入新数值,重新定义尺寸。选定草图,然后选择草图菜单栏,单击基础编辑工具栏上的"镜像"按钮 ▐▐,此时对话框提示选取"实体""镜像线",先选取镜像实体,再选择水平中心线,完成镜像,如图 2-25 所示。

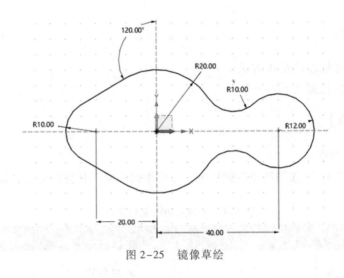

图 2-25 镜像草绘

步骤 11 **绘制同心圆**。单击绘图工具栏上的"圆"按钮 ○,打开"圆"对话框,单击"边界"按钮 ⊙,绘制两个与左右两端圆弧同心的圆,并定义两个圆的半径都为"12",如图 2-26 所示。

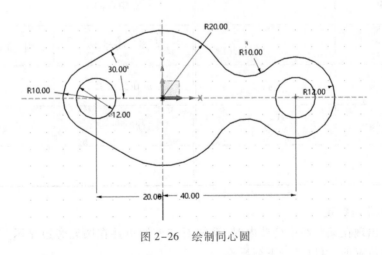

图 2-26 绘制同心圆

步骤 12 **绘制椭圆**。单击绘图工具栏上的"椭圆"按钮 ○,打开"椭圆"对话框,单击"中心"按钮 ⊙,然后在草绘区绘制与中间圆弧同心、长半轴为"15",短半轴为"6"的椭圆。至此,纺锤形垫片草图的绘制全部完成,如图 2-17 所示。最后,单击"保存"按钮,保存纺锤形垫片草图。

任务三　正五边形的绘制

【学习目标】

（1）能掌握尺寸标注的基本方法。
（2）能掌握几何约束的基本方法。

【相关知识点】

1. 约束的符号与含义

单击约束工具栏上的"添加约束"按钮 ⬚，即可添加约束。各种约束的名称及符号见表2-3。

表2-3　各种约束的名称及符号

约束名称	约束显示符号	约束名称	约束显示符号
添加固定约束	⊕×	点水平	·⫧
线水平约束	 HORZ	点垂直	×⫧
线垂直约束	‖	点中点	�
竖直约束曲线	⊥	点到直线/曲线	⟋
平行约束曲线	//	点在交点上	X
共线约束直线	 ⅴ	点重合	⌐
等长约束	I=I		

2. 约束的禁用与锁定

当鼠标指针出现在某些约束公差内时，系统对齐该约束并在图元旁边显示其图形符号。鼠标左键单击选取位置前，可以进行下列操作：

① 单击鼠标右键禁用约束，要再次启用约束，需再单击右键。
② 按住 Shift 键同时按下鼠标右键可锁定约束，重复这一操作即可解除锁定约束。
③ 当多个约束处于活动状态时，可以使用 Tab 键改变活动约束。

约束符号以灰色出现的约束称为"弱"约束。系统可以删除这些约束，而不加警告。可以用草绘环境中的约束菜单来增加用户自己的约束。

正五边形的
绘制

【实例描述】

采用中望 3D 软件绘制如图 2-27 所示的正五边形草图。

【实施步骤】

步骤 1　**新建"正五边形"草图。** 单击"新建"按钮，新建一个文件名为"正五边形"的 2D 草图文件。

步骤 2　**绘制五边形。** 单击绘图工具栏上的"轴"按钮，创建两条互相垂直的中心线，以两中心线的交点为圆心，画一圆，调整圆的直径为"20"，如图 2-28 所示。单击"直线"按钮画一任意五边形，如图 2-29 所示。

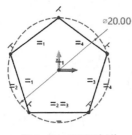

图 2-27　正五边形　　　　图 2-28　绘制圆　　　　图 2-29　绘制五边形

步骤 3　**约束端点。** 单击"添加固定约束"按钮后的下拉列表，再单击"点到直线/曲线"按钮，选中圆，再选中五边形的一个端点，将该端点约束在圆周上。重复上述步骤，分别将五边形的其他几个端点约束到圆周上，如图 2-30 所示。

步骤 4　**约束等边。** 单击约束工具栏上的"等长约束"按钮，分别选中五边形的每条边，将五条边约束为相等，如图 2-31 所示。

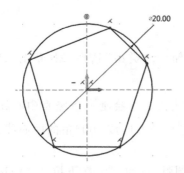
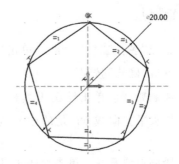

图 2-30　将五边形顶点约束到圆周上　　　图 2-31　将五边形的每条边约束为等长

步骤 5　**更改构造型圆。** 单击约束工具栏上的"线水平约束"按钮，选中五边形的一个对顶角，将其对边约束为水平。选中直径为 20 的圆，单击右键，弹出快捷菜单，选中该菜单中的"切换类型（构造型/实体型）"选项，将圆变为构造型圆，最终结果如图 2-27 所示。

任务四　多孔垫片的绘制

【学习目标】

（1）能掌握相等约束、相切约束的方法。
（2）能使用镜像方法绘制图元。

【实例描述】

采用中望 3D 软件绘制如图 2-32 所示的多孔垫片草图。

多孔垫片的
绘制

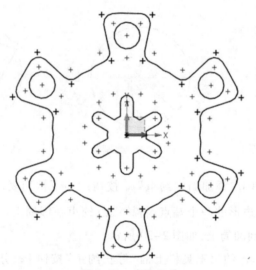

图 2-32　多孔垫片

【实施步骤】

　　步骤 1　新建"多孔垫片"草图。单击"新建"按钮 ，"类型"选择"2D 草图"，输入文件名"多孔垫片"，单击"确认"按钮。

　　步骤 2　绘制轴线。单击绘图工具栏上的"轴"按钮 ，绘制一条竖直中心线、一条水平中心线、一条与水平方向成 60°角的中心线和一条与水平方向成 -60°角的中心线，如图 2-33 所示。

　　步骤 3　绘制对称圆弧。单击绘图工具栏上的"圆弧"按钮 ，在下拉列表中选择"通过弧圆心和端点创建圆弧"按钮 ，然后在草绘区绘制一圆心经过中心线的交点且关于竖直中心线对称的圆弧，如图 2-34 所示。

　　步骤 4　绘制直线。单击绘图工具栏上的"直线"按钮 ，绘制两条直线，并修改其尺寸，如图 2-35 所示。

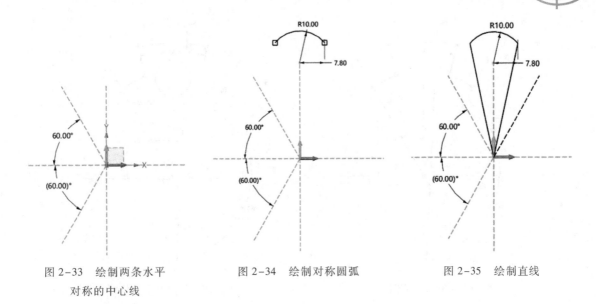

图 2-33　绘制两条水平　　　　图 2-34　绘制对称圆弧　　　　图 2-35　绘制直线
　　　　　　对称的中心线

步骤 5　重复步骤 3。绘制如图 2-36 所示的圆弧。

步骤 6　修剪线段。单击编辑曲线工具栏上"划线修剪"下拉列表中的"单击修剪"按钮 ，修剪图形中多余的线段,修剪后的图形如图 2-37 所示。

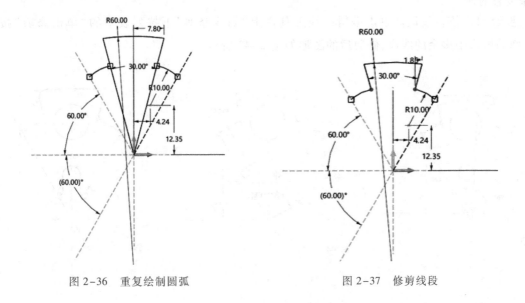

图 2-36　重复绘制圆弧　　　　　　　　　图 2-37　修剪线段

步骤 7　倒圆角。单击编辑曲线工具栏上的"圆角"按钮 ，然后在图形中选择要倒圆角的边(每个圆弧与直线的相接处),定义圆角半径为"3",并修剪图形,结果如图 2-38 所示。

步骤 8　绘制圆。单击绘图工具栏上的"圆"按钮 ,绘制两个圆心在竖直中心线上的圆,定义两个圆的半径分别为"4"和"2",且两圆圆心与中心线交点的距离分别为"30"和"10",如图 2-39 所示。

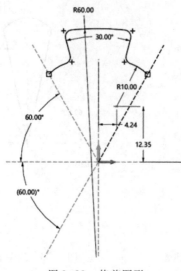

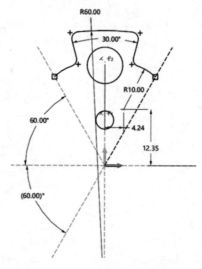

图 2-38 修剪图形   图 2-39 绘制两个定位圆

步骤9 绘制圆弧。单击绘图工具栏上的"通过弧圆心和端点创建圆弧"按钮🎧，然后在草绘区绘制一段圆心经过中心线交点的圆弧，并定义其半径为"6"，如图2-40所示。

步骤10 绘制直线。单击绘图工具栏上的"直线"按钮⊥，在草绘区绘制如图2-41所示的两条竖直的线。

步骤11 修剪线段。单击编辑曲线工具栏上"划线修剪"下拉列表中的"单击修剪"按钮⊬，修剪图形中多余的线段，修剪后的图形如图2-42所示。

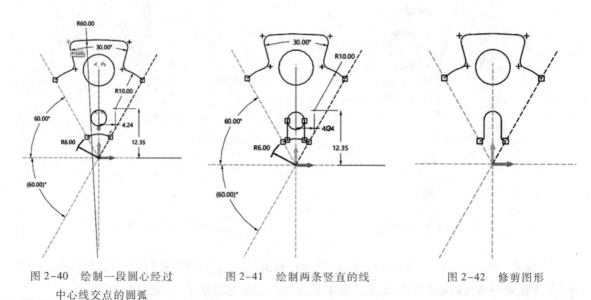

图 2-40 绘制一段圆心经过   图 2-41 绘制两条竖直的线   图 2-42 修剪图形
　　中心线交点的圆弧

步骤12 镜像图形。用鼠标框选绘制的所有图形，选择后单击基础编辑工具栏上的"镜像"按钮▐▌，系统提示"选择一条中心线"，选择左侧与水平线成60°角的中心线为镜像参照，镜像结果如图2-43所示。

步骤 13　镜像图形。用鼠标框选绘制的所有图形,选择后单击基础编辑工具栏上的"镜像"按钮 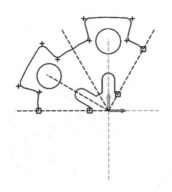,系统提示"选择一条中心线",选择右侧与水平线成 60° 角的中心线为镜像参照,镜像结果如图 2-44 所示。

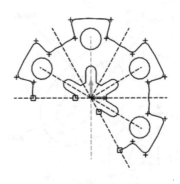

图 2-43　选择左侧与水平线成 60°　　　图 2-44　选择右侧与水平线成 60°
角的中心线镜像　　　　　　　　　角的中心线镜像

步骤 14　镜像图形。用鼠标框选绘制的所有图形,然后单击基础编辑工具栏上的"镜像"按钮 ,系统提示"选择一条中心线",选择水平中心线为镜像参照,镜像结果如图 2-32 所示。至此多孔垫片草图的绘制全部完成。

步骤 15　保存文件。单击"保存"按钮,保存多孔垫片草图。

任务五　挂轮架的绘制

【学习目标】

(1)能掌握草图绘制与尺寸约束添加的综合应用。
(2)能掌握构造线的绘图方法。

【实例描述】

采用中望 3D 软件绘制如图 2-45 所示的挂轮架草图。

挂轮架的
绘制

【实施步骤】

步骤 1　新建"挂轮架"草图。单击"新建"按钮 ,"类型"选择"2D 草绘",输入文件名"挂轮架",单击"确认"按钮。

步骤 2　绘制同心圆。单击绘图工具栏上的"轴"按钮 ,绘制一条竖直中心线和一条水平中心线,再单击绘图工具栏上的"圆"按钮 ,在草绘区以中心线交点为圆心绘制两个直径分别为"30"和"50"的同心圆,如图 2-46 所示。

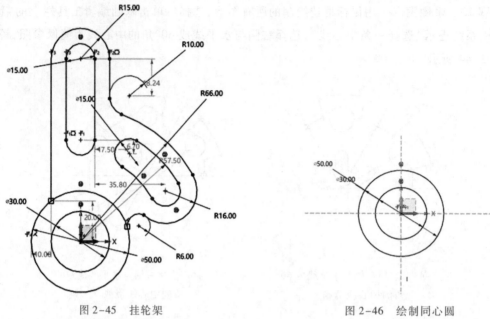

图 2-45 挂轮架

图 2-46 绘制同心圆

步骤 3 绘制小圆。单击绘图工具栏上的"圆"按钮〇，在草绘区绘制两个直径均为"15"的圆，如图 2-47 所示。

步骤 4 绘制直线连接小圆。单击绘图工具栏上的"直线"按钮，绘制两条连接 φ15 小圆的直线，如图 2-48 所示。

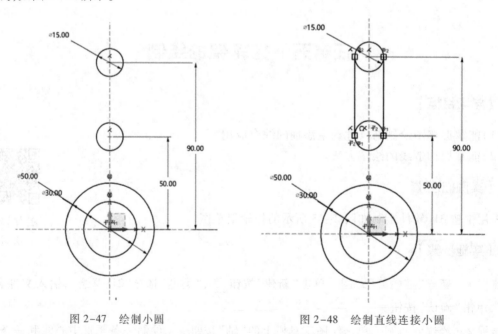

图 2-47 绘制小圆

图 2-48 绘制直线连接小圆

步骤 5 绘制同心圆弧。单击绘图工具栏上的"圆弧"下拉按钮，在下拉列表中选择"通过弧圆心和端点创建圆弧"按钮，然后在草绘区绘制一圆心在顶圆圆心、半径为"15"的圆弧，如图 2-49 所示。

步骤 6 用直线连接圆弧与大圆。单击绘图工具栏上的"直线"按钮 1/2,绘制两条连接圆弧和大同心圆的竖直直线,如图 2-50 所示。

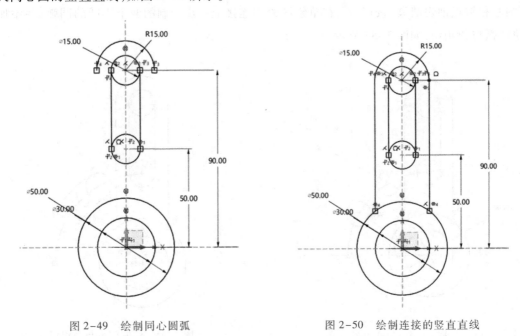

图 2-49 绘制同心圆弧   图 2-50 绘制连接的竖直直线

步骤 7 绘制圆弧。单击绘图工具栏上的"圆弧"下拉按钮 ⌒,在下拉列表中选择"通过弧圆心和端点创建圆弧"按钮,然后在草绘区绘制如图 2-51 所示的圆弧。

步骤 8 绘制中心线。单击绘图工具栏上的"轴"按钮 ∕,绘制两条中心线,如图 2-52 所示。

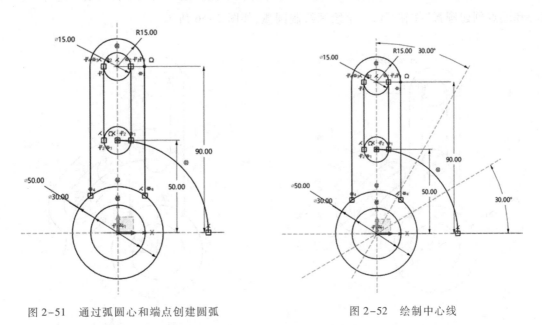

图 2-51 通过弧圆心和端点创建圆弧   图 2-52 绘制中心线

步骤 9 绘制小圆。单击绘图工具栏上的"圆"按钮 ○,在草绘区分别以上一步绘制的两条

中心线与步骤 7 绘制的圆弧交点为圆心绘制两个直径均为"15"的圆,如图 2-53 所示。

步骤 10 绘制圆弧连接。单击绘图工具栏上的"圆弧"下拉按钮⌒,在下拉列表中选择"通过弧圆心和端点创建圆弧"按钮⌒,在草绘区绘制连接上一步绘制的两个小圆的圆弧,并添加约束,使圆弧与圆相切,如图 2-54 所示。

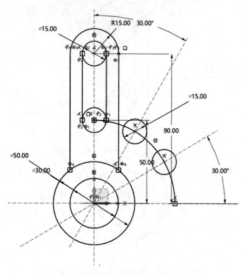

图 2-53 绘制小圆

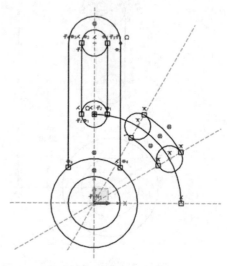

图 2-54 绘制圆弧与圆相切

步骤 11 绘制同心圆弧。单击绘图工具栏上的"圆弧"下拉按钮⌒,在下拉列表中选择"通过弧圆心和端点创建圆弧"按钮⌒,在草绘区绘制同心圆弧,如图 2-55 所示。

步骤 12 绘制圆弧。单击绘图工具栏上的"圆弧"下拉按钮⌒,在下拉列表中选择"通过弧圆心和端点创建圆弧"按钮⌒,在草绘区绘制圆弧,如图 2-56 所示。

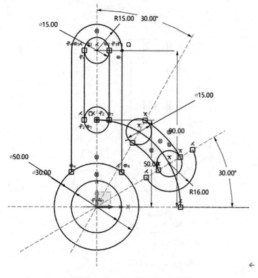

图 2-55 绘制同心圆弧

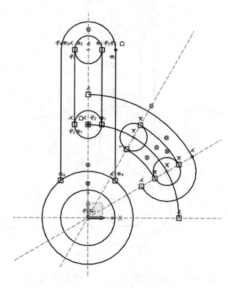

图 2-56 绘制圆弧

步骤 13 **相接处倒角**。单击编辑曲线工具栏上的"圆角"按钮 ☐ ,然后在图形中选择要倒圆角的边,即圆弧与直线的相接处,并定义圆角半径分别为"10"和"6",完成倒圆角,如图 2–57 所示。

步骤 14 **修剪多余线段**。单击编辑曲线工具栏上"划线修剪"下拉列表中的"单击修剪"按钮 ,修剪图形中多余的线段,修剪后的图形如图 2–58 所示。

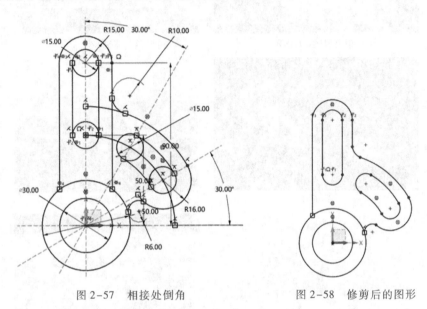

图 2–57 相接处倒角   图 2–58 修剪后的图形

步骤 15 **保存文件**。单击"保存"按钮,保存挂轮架草图。

项目总结

在二维草绘设计前,应有一个大致的思路,如果作图思路不合理,会大大减缓作图的速度。同时,草绘设计是进行三维建模的基础,在一定程度上正确并快速地绘制草图,能够有效提高三维设计的速度。

二维草绘在绘图时应注意:① 第一个绘制的图元最好接近真实的尺寸。因为系统中创建第一个图元后,后续的图元都是在第一个图元的基础上,按照一定的比例绘制的,如果图元和实际尺寸差别过大,对于后面草绘的编辑、修改和约束,都会造成不必要的麻烦。② 实体拉伸或者旋转的特征下创建的草图截面,必须完全封闭,且不能重叠。

熟能生巧是掌握软件的必要条件,为了后续三维设计的展开,应加强对二维草绘的练习。

【大国智造】

今天的中国吸引着世界的关注,中国实现了从"站起来"到"富起来"再到"强起来"的历史性飞跃,成为一个响当当的世界大国,我们以身为中国人而感到骄傲! 如图 2–59 所示为该影片中提到的我国已取得的伟大成就。

这些成就中就包含了数字化设计与制造技术。数字化设计与制造技术是指利用计算机软件、硬件及网络环境,通过产品数据模型的建立,模拟产品的设计、分析、装配、制造等产品开发的全过程。如今,数字化设计与制造技术已广泛应用于航空航天、汽车、造船、模具、通用机械、电子等工业领域。本书介绍的中望 3D 软件即是一款集 CAD/CAE/CAM 于一体的三维数字化设计与制造软件,集"实体建模、曲面造型、装配设计、工程图、钣金、模具设计、结构仿真、车削、2–5 轴加工"等功能模块于一体,覆盖产品设计开发全流程。

射电望远镜FAST

蓝鲸2号

墨子号

山东舰

国产飞机C919

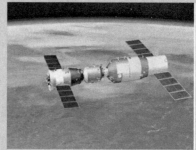
天宫二号

复兴号

图 2-59　我国已取得的伟大成就

 项目实战

【强化训练】

试创建如图 2-60 ~图 2-66 所示的草绘。

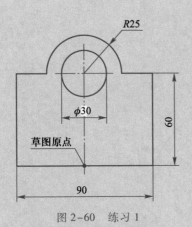

图 2-60　练习 1

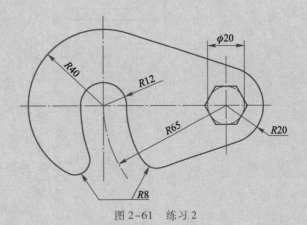

图 2-61　练习 2

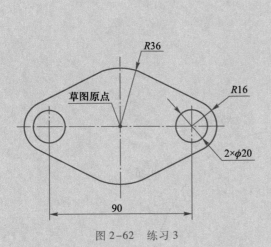

图 2-62　练习 3

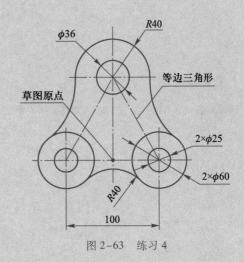

图 2-63　练习 4

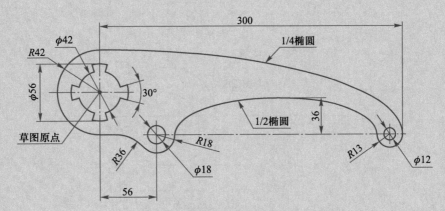

图 2-64　练习 5

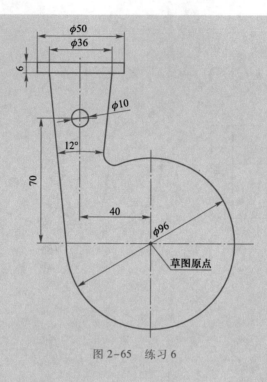

图 2-65　练习 6

【企业案例】

试绘制名称为"异形图"的草图,如图 2-67 所示。

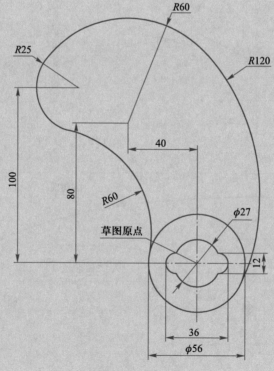

图 2-66　练习 7

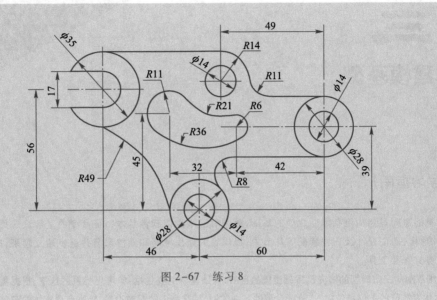

图 2-67　练习 8

项目

实体建模基础

⚙【学习指南】

　　实体基础建模是结构复杂零件建模的基础,通过对三维建模软件基本特征命令的了解及应用,在后续进阶建模、参数化建模、曲面设计及三维装配等环节中,操作者的建模思路和建模习惯会逐步建立起来,成为后续高效完成设计任务的重要工具。

　　由二维草图向三维模型的演变是基础建模的目的,基础建模主要包括:参考坐标系的选取,根据需要构建点、线、面元素,基本体素特征的定形定位插入,特征轮廓的草图绘制,特征命令的参数设置,特征命令实体的布尔运算等。

　　本项目主要介绍三维建模软件中基础特征建模命令的使用,包括:基本体素特征的插入,基本特征命令如拉伸、旋转、扫掠、放样、细节、孔、拔模、筋、螺纹、阵列、镜像等的使用,结合实例介绍各特征命令的综合应用以及特征参数的设定,方便读者更有效地掌握相应的知识点和技能点。

⚙【思维导图】(图 3-1)

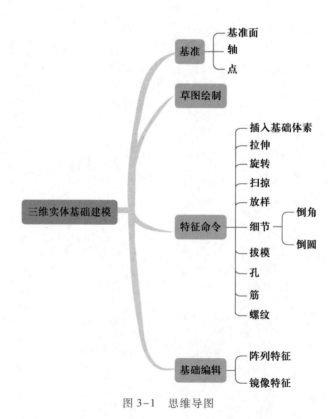

图 3-1　思维导图

- 参考系选择和草图绘制。
- 基本体素特征建模。
- 基本特征命令使用及参数设置。
- 布尔运算操作。

项目认知　基础建模知识

基础建模是由二维草图向三维建模过渡的基础,也是一般三维建模软件必不可少的操作单元。其利用合适的建模特征命令,对二维轮廓进行立体化,赋予不同的特征参数,使得模型具备可调可控的特性,同时也在无形中降低了建模的成本,提高了建模的速度。

三维基础建模主要包括以下三方面:

1. 基准的选择和构建

机械零件三维模型是由若干个表面组成的,研究零件表面的相对关系,必须确定一个基准,基准是零件上用来确定其他点、线、面的位置所依据的点、线、面。根据基准的不同功能,基准可分为设计基准和工艺基准两类,在建模过程中,应尽量将两者统一。

如原始坐标系不能满足零件的建模需求,可根据需要自行创建基准,包括更换相对坐标系,创建工作面、工作轴和工作点等。

（1）创建工作面

单击造型工具栏上的"基准面"按钮，进入相应对话框,可选择"偏移平面""与平面成角度""三点平面"等多种常用方式,构建新的工作面。按图 3-2 所示设置对应参数,即可创建由 XOY 面平移 50 mm 所得的工作面,如图 3-3 所示。

基准面

图 3-2　创建工作面参数设置

（2）创建工作轴

单击造型工具栏上的"草图"按钮 ，进入工作面草图，单击"轴"按钮 ，进入相应对话框，可选择"两点""平行于一点""平行与偏移""角度"等多种常用方式，构建新的工作轴。按图3-4所示设置对应参数，即可创建过（-50，80）和（50，80）两点所得的工作轴，如图3-5所示。

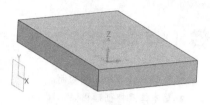

图3-3 创建的工作面

基准轴

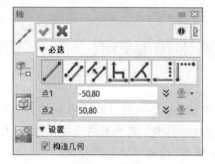

图3-4 创建工作轴参数设置

图3-5 创建的工作轴

（3）创建工作点

单击造型工具栏上的"草图"按钮 ，进入工作面草图，单击"点"按钮 ，进入相应对话框，如图3-6所示，在输入栏直接给出点的三维坐标；也可以在下拉菜单中选择现有实体元素上特定的点，如棱边中间点或圆弧曲率中心等，构建新的工作点。如图3-7所示，即为选择两棱边交点所创建的工作点。

基准点

2. 草图绘制

项目二对此部分内容已经做了详细的介绍，本项目中不做赘述。

3. 基本特征命令的使用

（1）基础造型

插入基础体素

① 插入基础体素 体素就是三维模型里面的最小单位，基础体素是指常规的最基本的几何体，在三维建模软件中，基础体素主要有六面体、球体、圆柱体、圆锥体、椭球体。

拉伸特征命令

② 拉伸特征命令 拉伸是三维建模命令中最简单的，也是应用频率比较高的命令。主要目的是给二维草图绘制的轮廓线添加一个高度，从而生成一个有厚度的三维实体或曲面。

旋转特征命令

③ 旋转特征命令 在创建盘类、轴类、球体或椭球体等回转类零件时，应用最多的就是旋转特征命令。

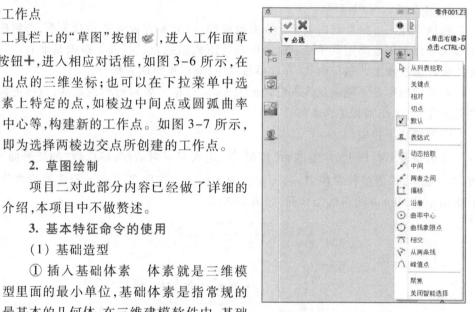

图3-6 创建工作点参数设置

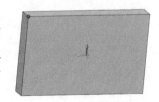

图3-7 选择两棱边交点所创建的工作点

使用旋转特征命令需要注意以下几点：

　　a. 在使用旋转特征命令构造基本特征时，必须使用封闭轮廓。

　　b. 在为旋转特征绘制轮廓时，必须定义旋转轴，且每个旋转特征只能定义一个旋转轴。

　　c. 自定义旋转角度，指定要将特征旋转多少度，默认为360°。

　　④ 扫掠特征命令　对于等截面且导线不规则，尤其是沿曲线展开运动轨迹的零件，一般采用扫掠特征命令。在三维建模软件中，扫掠特征主要分为扫掠、变化扫掠、螺纹扫掠、杆状扫掠等。

扫掠特征命令

　　⑤ 放样特征命令　放样是指利用两个或多个截面在轮廓之间进行过渡生成的特征命令。放样的截面轮廓可以是草图、曲线、模型边线等，在三维建模软件中，放样特征主要分为放样、驱动曲线放样、双轨放样等。

放样特征命令

　　（2）工程特征

　　① 细节特征命令　细节特征主要指倒角和倒圆特征命令。通常，为了适应加工工艺需要或满足装配方便需要，外棱边多采用倒角特征，内棱边多采用倒圆特征。

细节特征命令

　　② 拔模特征命令　拔模特征命令主要用来以指定的角度斜削模型中所选的面。在三维建模软件中，拔模特征主要有按边拔模、按面拔模和按分型边拔模，拔模类型可对称，也可非对称。

拔模特征命令

　　③ 孔特征命令　在工程零件中，孔不可能单独存在，必须依附于其他实体特征之上。孔特征最重要的参数设置是定形参数和定位参数。定形参数包括孔的类型，比如是光孔还是螺纹孔，孔径是多少；是通孔还是盲孔，孔深是多少等。定位参数即确定孔中心的具体坐标值。

打孔特征命令

　　④ 筋特征命令　筋是从开环或闭环绘制的轮廓所生成的特殊类型拉伸特征。它在轮廓与现有零件之间添加指定方向和厚度的材料，使得零件结构强度增加，或能承受某一方向负载的能力增强。在三维建模软件中，筋特征根据结构需要分为筋和网状筋。

筋特征命令

　　⑤ 螺纹特征命令　螺纹特征是把合件上常用的命令，在三维建模软件中，螺纹特征命令的使用有两种形式：一种是构建牙型轮廓，根据匝数和螺距，真实地加工出螺纹结构；另一种是标记外部螺纹，以螺纹中径的形式，形成一种螺纹的视觉样式，这种形式较为便捷地表征了零件的螺纹属性，但在MES数字化生产中不具备生产加工条件。

螺纹特征命令

　　（3）基础编辑

　　① 阵列特征命令　阵列特征命令适用于结构规则、数量繁多的特征复制，可以在很大程度上提高建模的速度。阵列特征主要分为环形阵列、矩形阵列、点到点阵列、多边形阵列等。

阵列特征命令

　　② 镜像特征命令　对于对称结构的零件，在建模过程中，只需设计出一侧，利用镜像特征命令，即可快速实现完整的三维建模。在镜像特征参数设置中，根据零件特点选择要素（镜像特征、镜像面）尤为关键。

镜像特征命令

任务一　扳手的建模

【学习目标】

（1）能绘制二维轮廓草图。

（2）能使用拉伸特征命令进行建模。

【相关知识点】

扳手是一种常用的安装与拆卸工具,它是利用杠杆原理拧转螺栓、螺钉、螺母的开口或套孔固件的手工工具。接下来我们学习如何建立扳手的三维模型,使其结构更符合人体工学的设计,满足操作者拆装工件的实际使用需求。

（1）初步构思建模顺序,并根据需要绘制相应草图。

根据已经学习的二维草绘的基础知识,可利用草绘命令中的圆弧和直线基本特征,构建扳手的外形轮廓。在三维建模软件中,在同一平面内构建的草图可以实时共享,在不同拉伸特征命令下,设置不同的参数值,完成不同层次厚度的建模。

（2）熟练使用拉伸特征命令进行建模。

构建二维轮廓草图后,退出草绘模式,选取绘制的草图作为拉伸特征的轮廓,根据零件实际尺寸结构,设定具体参数,完成建模。

【实例描述】

采用三维建模软件绘制如图 3-8 所示扳手。对该零件进行结构分析,其总体结构比较简单,由把手和操作部位两部分组成,可用草图拉伸特征命令分段建模,细节处用圆角特征处理,保证过渡圆滑。

扳手的建模

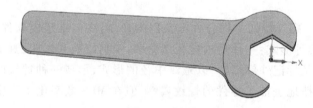

图 3-8　扳手

学生可根据自己对零件的分析,设计零件建模方案。

【实施步骤】

步骤 1　创建零件新对象。单击"新建"按钮 或单击菜单栏中的"文件"→"新建"。在"新建文件"对话框中选择类型为"零件",输入文件名"扳手",如图 3-9 所示,单击"确认"按钮,进入造型模式。

步骤 2　绘制拉伸轮廓。单击造型工具栏上的"草图"按钮 ,进入 XOY 面草图,利用"圆弧""直线""多段线"等命令绘制扳手二维草图,如图3-10所示。

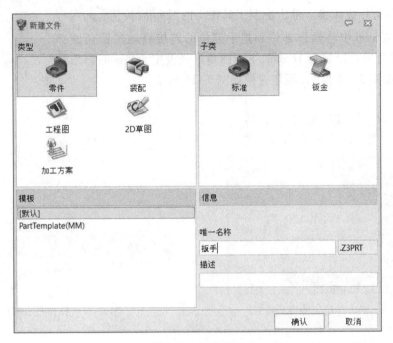

图3-9 新建零件

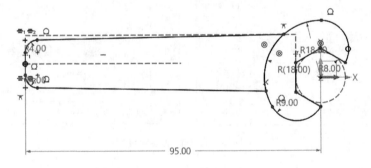

图3-10 绘制扳手二维草图

步骤3 操作部位拉伸特征建模。退出草图后,单击造型工具栏上的"拉伸"按钮🔲,在弹出的"拉伸"对话框中选择新建草图右侧的操作部位为拉伸轮廓,设定拉伸范围为-7.5~7.5 mm,如图3-11所示,完成操作部位拉伸命令,如图3-12所示。

步骤4 把手部位拉伸特征建模。再次单击造型工具栏上的"拉伸"按钮🔲,在弹出的"拉伸"对话框中选择新建草图左侧的把手部位为拉伸轮廓,设定拉伸范围为-5~5 mm,如图3-13所示,完成把手部位拉伸命令,如

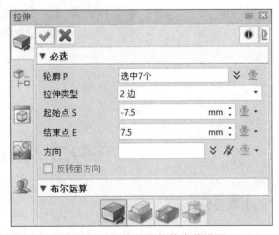

图3-11 操作部位拉伸参数设置

图 3-14 所示。

步骤 5　圆角特征建模。单击造型工具栏上的“圆角”按钮，在弹出的“圆角”对话框中将操作部位和把手部位的连接缝通过圆角圆滑过渡，上面圆角半径设定为 16 mm，下面圆角半径设定为 8 mm，圆角特征参数设置如图 3-15 所示，圆角建模如图 3-16 所示。

图 3-12　拉伸操作部位

图 3-13　把手部位拉伸参数设置

图 3-14　拉伸把手部位

图 3-15　圆角特征参数设置

图 3-16　圆角建模

任务二　阶梯轴的建模

【学习目标】

（1）能绘制二维草图，利用旋转命令进行建模。

（2）能使用圆柱体基本体素特征建模。

【相关知识点】

阶梯轴是工程中较为常见的重要部件之一,可利用其轴肩定位不同内径的安装零件,如齿轮、轴承等,能够在轴向上限制安装零件的运动。接下来我们学习如何快速建立阶梯轴的三维模型,使其满足建模要求。

在三维建模中,常规阶梯轴的建模思路通常有两种:

（1）首先在二维草绘工作界面绘制阶梯轴的半剖图样,退出草绘模式后,利用旋转命令建模。

（2）通过设置每一段阶梯轴的轴径和轴向长度,反复利用圆柱体基本体素特征建模。

下面将通过实际案例来介绍上述两种建模思路。

【实例描述】

采用三维建模软件绘制如图 3-17 所示阶梯轴。对该零件进行结构分析,其整体为回转结构。学生可根据自己对零件的分析,设计零件建模方案。

图 3-17 阶梯轴

【实施步骤】

建模思路 1　利用旋转命令进行建模

步骤 1　创建零件新对象。单击"新建"按钮 或单击菜单栏中的"文件"→"新建"。在"新建文件"对话框中选择类型为"零件",输入文件名"阶梯轴",如图 3-18 所示,单击"确认"按钮,进入造型模式。

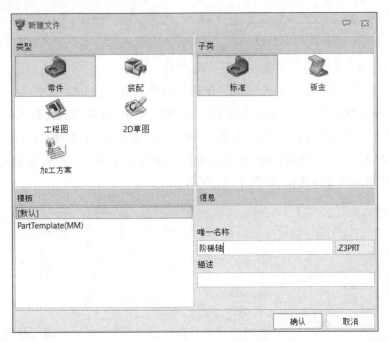

阶梯轴的
建模方法一

图 3-18 新建零件

步骤2 绘制旋转轮廓。单击造型工具栏上的"草图"按钮 ，进入 *XOY* 面草图，绘制旋转轮廓并对其进行尺寸和定位约束，如图 3-19 所示。

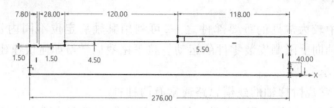

图 3-19 绘制旋转轮廓

步骤3 旋转特征建模。单击造型工具栏上的"旋转"按钮 ，打开相应对话框，参数设置如图 3-20 所示，选择新建的草图轮廓和旋转轴线，单击"确定"按钮，完成旋转特征建模，如图 3-21 所示。

图 3-20 旋转特征参数设置 图 3-21 旋转特征建模

建模思路2 反复利用圆柱体基本体素特征建模

步骤1 创建零件新对象。单击"新建"按钮 或单击菜单栏中的"文件"→"新建"。在"新建"对话框中选择类型为"零件"，输入文件名"阶梯轴"，单击"确认"按钮，进入造型模式。

步骤2 插入体素特征建模。单击造型工具栏上的"圆柱体"按钮，打开相应对话框，通过设置每一段阶梯轴的轴径和轴向长度，反复利用圆柱体基本体素特征进行布尔加运算建模。如图 3-22 所示，即可同样完成建模，如图 3-23 所示。

阶梯轴的
建模方法二

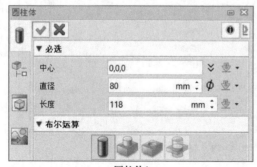
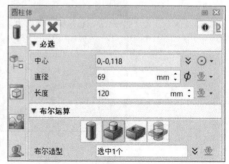

圆柱体1 圆柱体2

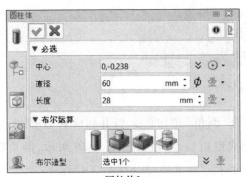

圆柱体3

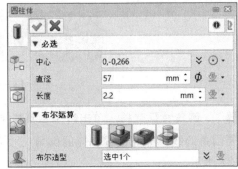

圆柱体4

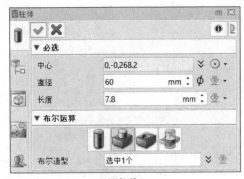

圆柱体5

图 3-22　圆柱体参数设置

图 3-23　基本体素特征建模

　　两种建模方法后，都需要对圆角和倒角的部位进行细节特征操作。

　　步骤 1　圆角特征建模。单击造型工具栏上的"圆角"按钮 ，打开相应对话框，通过选取每条需要圆角过渡的线轮廓并设置相应的圆角半径完成倒圆角命令特征，如图 3-24 所示，圆角后模型如图 3-25 所示。

图 3-24　圆角参数设置

图 3-25 圆角后模型

步骤 2 倒角特征建模。单击造型工具栏上的"倒角"按钮，打开相应对话框，通过选取每条需要倒角的线轮廓并设置相应的倒角尺寸完成倒角命令特征，如图 3-26 所示，倒角后模型如图 3-27 所示。

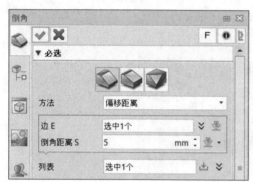

图 3-26 倒角参数设置

图 3-27 倒角后模型

任务三 法兰盘的建模

【学习目标】

（1）能绘制二维草图，创建工作点。
（2）能使用布尔运算进行特征建模。
（3）能利用矩形阵列特征等造型方法绘制法兰盘。

【相关知识点】

法兰盘又称突缘，是一种在管道中常见的机械部件，从结构特点来分类，属于盘类零件。盘盖类和轴套类零件多运用插入圆柱体素特征命令或旋转命令来实现基本建模，使用孔命令实现把合孔建模后，运用环形阵列特征来实现或组孔的建模任务。建模过程中需注意以下两点：

（1）根据建模需要，创建合适的工作点，作为参考点或定位点。

在建模过程中，三维坐标系有基本的点、线、面为基准，但对于结构稍微复杂一点的模型，需要更多的参考单元作为后续建模的基准，这时就需要按需创建合适的工作点、线、面，本任务将以创建点为例，来介绍创建工作基准单元的步骤。

（2）根据模型特点，利用合适的布尔运算进行特征建模。

布尔运算是数字符号化的逻辑推演法，包括合并、减去、求交。在三维建模操作中利用这种逻辑运算方法，可以使简单的基本图形组合产生新的形体。

【实例描述】

采用三维建模软件绘制如图 3-28 所示的法兰盘。对该零件进行结构分析，其基体为回转结构，中间有一通孔，底板部位有四个均布的孔。

学生可根据自己对零件的分析，设计零件建模方案。

【实施步骤】

图 3-28　法兰盘

步骤 1　创建零件新对象。单击"新建"按钮 或单击菜单栏中的"文件"→"新建"。在"新建文件"对话框中选择类型为"零件"，输入文件名"法兰盘"，如图 3-29 所示，单击"确认"按钮，进入造型模式。

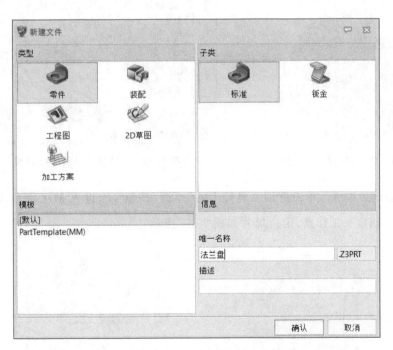

图 3-29　新建零件

步骤 2　插入体素特征布尔加运算建模。单击造型工具栏上的"圆柱体"按钮 ，打开相应对话框，通过设置两段圆柱体的轴径和轴向长度，利用圆柱体基本体素特征进行布尔加运算建模，参数设置如图 3-30 所示,即可完成法兰盘阶梯基体建模,如图 3-31 所示。

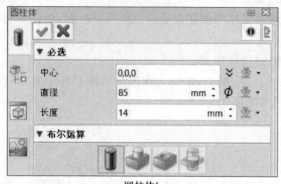
圆柱体1

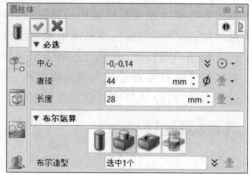
圆柱体2

图 3-30　圆柱体特征参数设置

步骤 3　插入体素特征布尔减运算建模。单击造型工具栏上的"圆柱体"按钮 ,打开相应对话框,通过设置钻削圆柱体的轴径和轴向长度,利用圆柱体基本体素特征进行布尔减运算建模,参数设置如图 3-32 所示,即可完成法兰盘通孔建模,如图 3-33 所示。

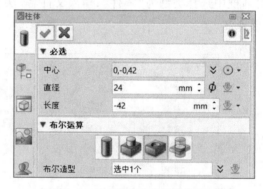

图 3-32　圆柱体孔特征参数设置

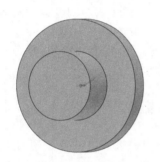

图 3-31　法兰盘阶梯基体建模

步骤 4　创建工作点。单击造型工具栏上的"草图"按钮 ,进入 *XOY* 面草图,单击"点"按钮 ,在 *Y* 轴上创建一工作点,定位尺寸如图 3-34 所示。

图 3-33　法兰盘通孔建模

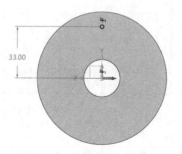

图 3-34　工作点定位尺寸

步骤5　孔特征建模。退出草图，单击造型工具栏上的"孔"按钮，以步骤4新建的工作点为孔定位点，设置孔特征参数，如图3-35所示，完成孔特征建模，如图3-36所示。

图3-35　孔特征参数设置

图3-36　孔特征建模

步骤6　阵列特征建模。单击造型工具栏上的"阵列特征"按钮，以步骤5新建的孔为基体特征，选择环形阵列，并设置 Z 轴为阵列方向，阵列特征参数设置如图3-37所示，完成阵列特征建模，如图3-38所示。

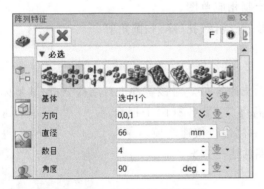

图3-37　阵列特征参数设置

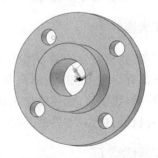

图3-38　阵列特征建模

步骤7　倒角特征建模。单击造型工具栏上的"倒角"按钮，设置倒角距离为1 mm，需要倒角的棱边为四个把合孔螺栓入口侧及中间通孔的入口和出口侧，单击"确定"按钮，完成倒角特征建模，如图3-39所示。

步骤8　圆角特征建模。单击造型工具栏上的"圆角"按钮，设置圆角半径为4 mm，选择需要圆角的接缝，单击"确定"按钮，完成圆角特征建模，如图3-40所示。

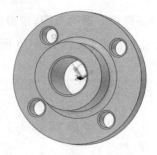

图 3-39　倒角特征建模　　　　　　　图 3-40　圆角特征建模

任务四　支座的建模

【学习目标】

（1）能利用拉伸、镜像、打孔、矩形阵列等造型方法绘制支座。

（2）能利用圆角、倒角等细节特征建模。

【相关知识点】

支座是指用以支承和固定设备的部件，其结构形状需根据被支撑物的结构、重量、动静载荷要求进行设计。接下来我们学习如何建立支座的三维模型，使其结构满足相应的强度刚度要求，在建模过程中，需掌握以下知识点：

（1）初步构思建模顺序，并根据需要绘制相应草图。

（2）基本特征命令的熟练应用，包括拉伸、镜像、孔、阵列、圆角等。

【实例描述】

采用三维建模软件绘制如图 3-41 所示支座零件。对该零件进行结构分析，其整体为对称结构，底板下部有一通长槽，上部凸起一定高度，两端各有两个把合孔，可完成一侧建模后，运用镜像工具对另一侧进行快速建模。

学生可根据自己对零件的分析，设计零件建模方案。

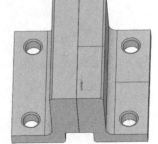

图 3-41　支座零件

【实施步骤】

步骤 1　创建零件新对象。单击"新建"按钮 或单击菜单栏中的"文件"→"新建"。在"新建文件"对话框中选择类型为"零件"，输入文件名"支座"，如图 3-42 所示，单击"确认"按钮，进入造型模式。

步骤 2　绘制拉伸轮廓。单击造型工具栏上的"草图"按钮 ，进入 XOY 面草图，绘制拉伸轮廓，形状定位尺寸如图 3-43 所示。

步骤 3　拉伸特征建模。退出草图后，单击造型工具栏上的"拉伸"按钮 ，选择步骤 2 中新建的草图为拉伸轮廓,设定拉伸参数,如图 3-44 所示,单击"确定"按钮,完成拉伸基体建模,如图 3-45 所示。

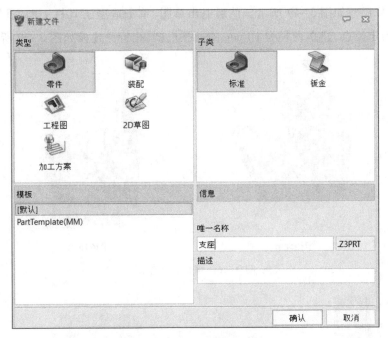

图 3-42　新建零件

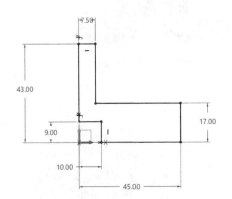

图 3-43　拉伸轮廓的形状定位尺寸

图 3-44　拉伸特征参数设置

步骤 4　圆角特征建模。单击造型工具栏上的"圆角"按钮，分别设置圆角半径为 5 mm 和 1 mm,选择需要圆角的接缝,单击"确定"按钮,完成圆角特征建模,如图 3-46 所示。

步骤 5　倒角特征建模。单击造型工具栏上的"倒角"按钮，设置倒角距离为 1.5mm,选择需要倒角的棱边,单击"确定"按钮,完成倒角特征建模,如图 3-47 所示。

步骤 6　镜像特征建模。单击造型工具栏上的"镜像特征"按钮，右键框选所有已建立的特征为镜像特征,镜像平面选择 *XOZ* 面,

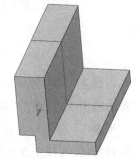

图 3-45　拉伸基体建模

单击"确定"按钮,完成镜像特征建模,如图 3-48 所示。

　　步骤7 **孔特征建模。**单击造型工具栏上的"草图"按钮 ,进入把合上表面草图,新建一个工作点,其定位尺寸如图 3-49 所示。然后退出草图,单击造型工具栏上的"孔"按钮 ,选择新建的工作点为定位点,建立直径为 10 mm 的通孔模型,孔特征建模如图 3-50 所示。

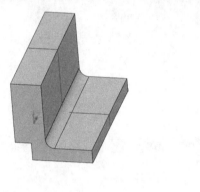

半径5mm

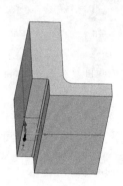

半径1mm

图 3-46　圆角特征建模

图 3-47　倒角特征建模

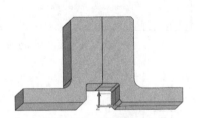

图 3-48　镜像特征建模

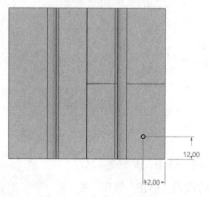

图 3-49　工作点定位尺寸

图 3-50　孔特征建模

　　步骤8 **倒角特征建模。**单击造型工具栏上的"倒角"按钮 ,设置倒角距离为 1 mm,选择需要倒角的棱边,单击"确定"按钮,完成倒角特征建模,如图 3-51 所示。

　　步骤9 **阵列特征建模。**单击造型工具栏上的"阵列特征"按钮 ,打开其对话框,选择矩形阵列模式,选择步骤 8 中带倒角的孔特征为阵列特征,设定两个方向的阵列参数,参数设置如图 3-52 所示,单击"确定"按钮,完成孔阵列特征建模,如图3-53所示。

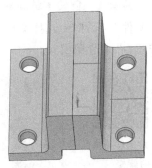

图 3-51　孔入口棱边倒角特征建模　　图 3-52　阵列参数设置　　图 3-53　孔阵列特征建模

任务五　减速器箱体的建模

【学习目标】

（1）能运用空间思维能力，构建箱体类铸件。
（2）能利用拉伸、阵列、镜像、筋、孔等造型方法绘制减速器箱体。

【相关知识点】

减速器箱体是典型的铸件，在建模过程中，需要结合铸造工艺特点，增加铸造圆角。箱体内有加强筋、观察润滑油孔和放油孔等，与本项目中前几个结构规则的实例相比，其结构形式相对复杂一些。接下来我们学习如何建立箱体的三维模型，使其结构满足相应的传动件装配要求，在建模过程中，需掌握以下知识点：

（1）对所需建模零件结构有初步认识，在三维建模软件中创建零件并按要求命名。
（2）初步构思建模顺序，并根据需要绘制相应草图。
（3）基本特征命令的熟练应用，包括拉伸、镜像、阵列、筋等。

【实例描述】

采用三维建模软件绘制如图 3-54 所示减速器箱体。对该零件进行结构分析，其整体为箱体结构，基体前后对称，中间开两个放置传动轴的半圆槽，槽外壁加厚并配备筋板，中间腔体部位设有注油孔，上下把合面各设置六个把合孔，底面有六个把合小平面，方便加工及调平。

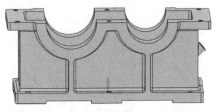

图 3-54　减速器箱体

学生可根据自己对零件的分析，设计零件建模方案。

【实施步骤】

步骤1 创建零件新对象。单击"新建"按钮□或单击菜单栏中的"文件"→"新建"。在"新建文件"对话框中选择类型为"零件",输入文件名"减速器箱体",如图3-55所示,单击"确认"按钮,进入造型模式。

减速器箱体
的建模(一)

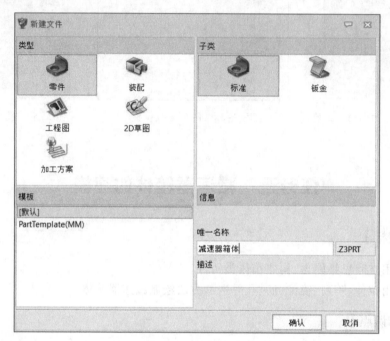

图3-55 新建零件

步骤2 拉伸特征建模。单击造型工具栏上的"草图"按钮,进入 *XOY* 面草图,绘制一个封闭矩形轮廓,形状定位尺寸如图3-56所示。然后退出草图,单击造型工具栏上的"拉伸"按钮,选择新建的草图为拉伸轮廓,设置拉伸距离为15 mm,单击"确定"按钮,完成拉伸特征建模,如图3-57所示。

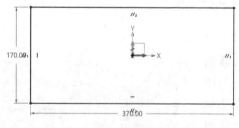

图3-56 矩形轮廓的形状定位尺寸

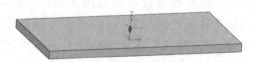

图3-57 拉伸特征建模

步骤3 拉伸特征建模。再次单击造型工具栏上的"草图"按钮,进入步骤2拉伸模型的上表面草图,绘制由两个矩形组成的封闭环腔轮廓,形状定位尺寸如图3-58所示。然后退出草图,单击造型工具栏上的"拉伸"按钮,选择新建的草图为拉伸轮廓,设置拉伸距离为120 mm,

单击"确定"按钮,完成拉伸特征布尔加运算建模,如图 3-59 所示。

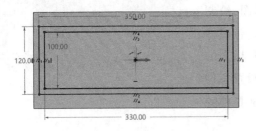

图 3-58　环腔轮廓的形状定位尺寸

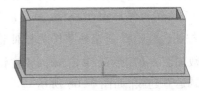

图 3-59　拉伸特征布尔加运算建模

步骤 4　拉伸特征建模。再次单击造型工具栏上的"草图"按钮 ![按钮] 进入步骤 3 拉伸模型的上表面草图,绘制一个矩形,形状定位尺寸如图 3-60 所示,另取步骤 3 中绘制的小尺寸矩形为参考轮廓,与刚绘制的大矩形组成封闭环腔轮廓。然后退出草图,单击造型工具栏上的"拉伸"按钮 ![按钮],选择新建的草图为拉伸轮廓,设置拉伸距离为 15 mm,单击"确定"按钮,完成拉伸特征布尔加运算建模,如图 3-61 所示。

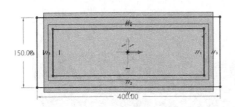

图 3-60　形状定位尺寸

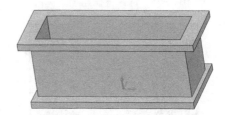

图 3-61　拉伸特征布尔加运算建模

步骤 5　拉伸特征建模。再次单击造型工具栏上的"草图"按钮 ![按钮],进入 XOZ 面草图,绘制两个半圆弧和两条直线构成的封闭轮廓,形状定位尺寸如图 3-62 所示。然后退出草图,单击造型工具栏上的"拉伸"按钮 ![按钮],选择新建的草图为拉伸轮廓,设置拉伸特征参数如图 3-63 所示,单击"确定"按钮,完成拉伸特征布尔加运算建模,如图 3-64 所示。

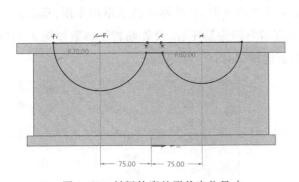

图 3-62　封闭轮廓的形状定位尺寸

图 3-63　拉伸特征参数设置

步骤 6　镜像特征建模。单击造型工具栏上的"镜像特征"按钮 ![按钮],选择步骤 5 创建的拉伸特征为镜像特征,镜像平面为 XOZ 面,单击"确定"按钮,完成镜像特征建模,如图 3-65 所示。

步骤7 拉伸特征布尔减运算建模。再次单击造型工具栏上的"草图"按钮 ，进入 *XOZ* 面草图，绘制两个半圆弧和两条直线构成的封闭轮廓，形状定位尺寸如图 3-66 所示。然后退出草图，单击造型工具栏上的"拉伸"按钮 ，选择新建的草图为拉伸轮廓，设置拉伸特征参数如图3-67 所示，单击"确定"按钮，完成拉伸特征布尔减运算建模，如图 3-68 所示。

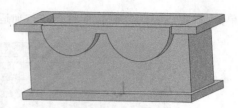

图 3-64 拉伸特征布尔加运算建模

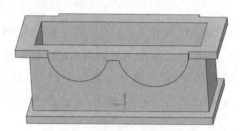

图 3-65 镜像特征建模

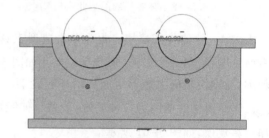

图 3-66 封闭轮廓的形状定位尺寸

图 3-67 拉伸特征参数设置

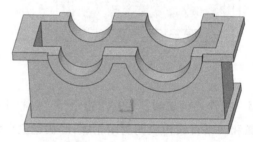

图 3-68 拉伸特征布尔减运算建模

减速器箱体的建模（二）

步骤8 筋特征建模。再次单击造型工具栏上的"草图"按钮 ，进入与 *XOZ* 面平行的模型外立面草图，绘制一条平行于 *Z* 轴，且与步骤7 所建草图圆弧中心共线的一条线段，其两端点定位尺寸如图 3-69 所示。然后退出草图，单击造型工具栏上的"筋"按钮 ，选择新建的草图为筋轮廓，设置筋特征参数如图 3-70 所示，单击"确定"按钮，完成筋特征建模，如图 3-71 所示。

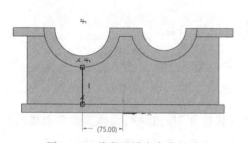

图 3-69 线段两端点定位尺寸

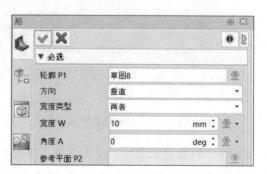

图 3-70 筋特征参数设置

步骤9　筋特征建模。同理,绘制另一半圆弧下端筋板,再次单击造型工具栏上的"草图"按钮 ,进入与 XOZ 面平行的模型外立面草图,绘制一条平行于 Z 轴,且与步骤7所建草图圆弧中心共线的一条线段,其两端点定位尺寸如图3-72所示。然后退出草图,单击造型工具栏上的"筋"按钮 ,选择新建的草图为筋轮廓,设置筋特征参数如图3-73所示,单击"确定"按钮,完成筋特征建模,如图3-74所示。

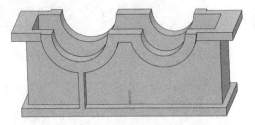

图 3-71　筋特征建模

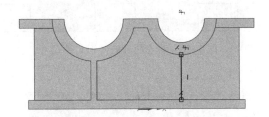

图 3-72　线段两端点定位尺寸

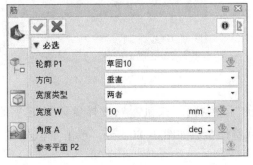

图 3-73　筋特征参数设置

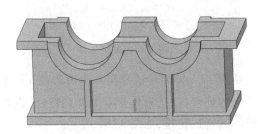

图 3-74　筋特征建模

步骤10　镜像特征建模。单击造型工具栏上的"镜像特征"按钮 ,选择步骤8和步骤9创建的筋特征为镜像特征,镜像平面为 XOZ 面,单击"确定"按钮,完成镜像特征建模,如图3-75所示。

步骤11　拉伸特征建模。单击造型工具栏上的"草图"按钮 ,进入与 XOY 面平行的模型底面

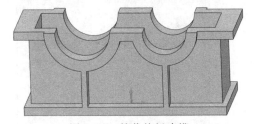

图 3-75　镜像特征建模

草图,绘制六个矩形轮廓,其外形定位尺寸如图3-76所示。这六个矩形轮廓可以画好一个后使用矩形双向阵列的方式来完成;也可以画好一侧的三个矩形轮廓后,使用镜像的方式来完成,以提高绘图效率。然后退出草图,单击造型工具栏上的"拉伸"按钮 ,选择新建的草图为拉伸轮廓,设置拉伸距离为5 mm,单击"确定"按钮,完成拉伸特征布尔加运算建模,如图3-77所示。

步骤12　孔特征建模。单击造型工具栏上的"草图"按钮 ,进入与 XOY 面平行的模型底座上表面草图,绘制一个圆,其定位尺寸如图3-78所示,外形尺寸可不约束,其作用相当于一个工作点。然后退出草图,单击造型工具栏上的"孔"按钮 ,选择新建的圆心为定位点,单击"确定"按钮,完成孔特征建模,如图3-79所示。

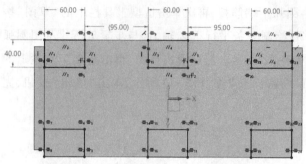

图 3-76　矩形轮廓的外形定位尺寸

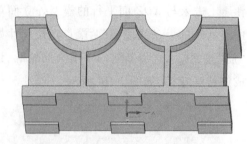

图 3-77　拉伸特征布尔加运算建模

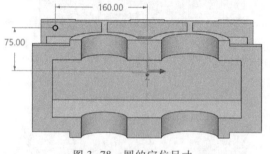

图 3-78　圆的定位尺寸

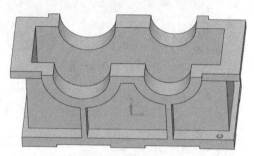

图 3-79　孔特征建模

步骤 13　阵列特征建模。 单击造型工具栏上的"阵列特征"按钮，选择步骤 12 建立的孔特征为阵列特征，选择矩形双向阵列特征，设置阵列特征参数如图 3-80 所示，单击"确定"按钮，完成阵列特征建模，如图 3-81 所示。

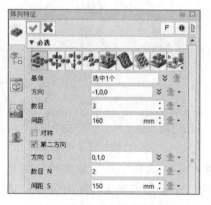

图 3-80　阵列特征参数设置

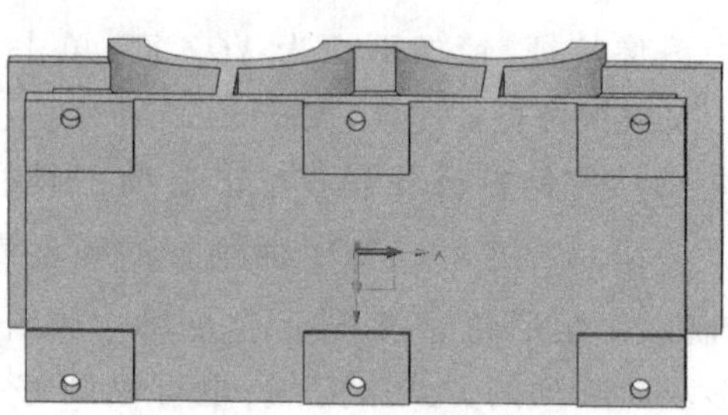

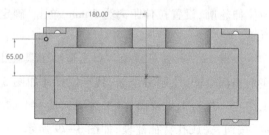

图 3-81　阵列孔特征建模

步骤 14　孔特征建模。 同理，绘制模型上表面孔特征，单击造型工具栏上的"草图"按钮，进入与 XOY 面平行的模型上表面草图，绘制一个圆，其定位尺寸如图 3-82 所示，外形尺寸可不约束，其作用相当于一个工作点。然后退出草图，单击造型工具栏上的"孔"按钮，选择新

图 3-82　圆的定位尺寸

建的圆心为定位点,设置孔特征参数如图 3-83 所示,单击"确定"按钮,完成孔特征建模,如图 3-84 所示。

　　步骤 15　阵列特征建模。单击造型工具栏上的"阵列特征"按钮 ,选择步骤 14 建立的孔特征为阵列特征,选择矩形双向阵列特征,设置阵列特征参数如图 3-85 所示,单击"确定"按钮,完成阵列孔特征建模,如图 3-86 所示。

减速器箱体的建模(三)

图 3-83　孔特征参数设置

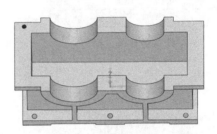

图 3-84　孔特征建模

图 3-85　阵列特征参数设置

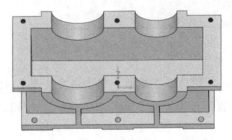

图 3-86　阵列孔特征建模

　　步骤 16　旋转特征注油孔建模。单击造型工具栏上的"草图"按钮 ,进入 *XOZ* 面草图,绘制一个矩形轮廓,其外形定位尺寸如图 3-87 所示。然后退出草图,单击造型工具栏上的"旋转"按钮 ,选择新建的草图为旋转轮廓,设置选择轴为矩形草图上侧长边,单击"确定"按钮,完成旋转特征建模,如图 3-88 所示。

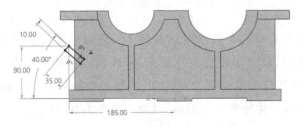

图 3-87　矩形轮廓的外形定位尺寸

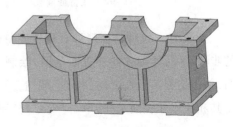

图 3-88　旋转特征建模

步骤 17　拉伸特征布尔减运算建模。单击造型工具栏上的"草图"按钮 ，进入与 *XOY* 面平行的模型上表面草图，绘制一个轮廓，其外形定位尺寸如图 3-89 所示，只要保证步骤 16 所建立的模型凸出箱体内壁的部分均包含在内即可。然后退出草图，单击造型工具栏上的"拉伸"按钮，选择新建的草图为拉伸轮廓，设置拉伸距离为-95 mm，单击"确定"按钮，完成拉伸特征布尔减运算建模，如图 3-90 所示。

步骤 18　孔特征建模。单击造型工具栏上的"孔"按钮，选择步骤 16 的旋转中心为定位点，设置孔特征参数如图 3-91 所示，单击"确定"按钮，完成螺纹盲孔的建模，如图 3-92 所示。

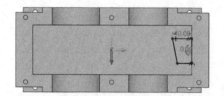

图 3-89　轮廓的外形定位尺寸

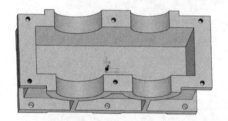

图 3-90　拉伸特征布尔减运算建模

图 3-91　孔特征参数设置

步骤 19　圆角特征建模。单击造型工具栏上的"圆角"按钮，选择模型中所有铸造圆角的棱边，设置圆角半径为 5 mm，单击"确定"按钮，完成圆角特征建模，如图 3-93 所示。

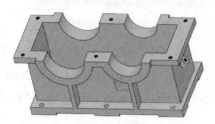

图 3-92　孔特征建模

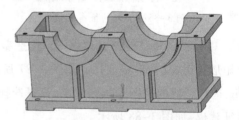

图 3-93　圆角特征建模

步骤 20　拉伸特征泄油孔建模。单击造型工具栏上的"草图"按钮，进入与 *ZOY* 面平行的步骤 18 所建油孔侧外表面草图，绘制一个圆，其外形定位尺寸如图 3-94 所示。然后退出草图，单击造型工具栏上的"拉伸"按钮，选择新建的草图为拉伸轮廓，设置拉伸距离为 10 mm，使其和底座外表面平齐，单击"确定"按钮，完成拉伸特征布尔加运算建模，如图 3-95 所示。

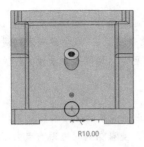

图 3-94　圆的外形定位尺寸

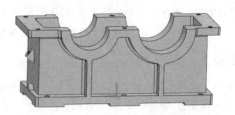

图 3-95　拉伸特征布尔加运算建模

步骤 21　孔特征建模。单击造型工具栏上的"孔"按钮，选择步骤 20 的泄油孔圆心为定位点，设置孔特征参数如图 3-96 所示，单击"确定"按钮，完成泄油孔建模，如图 3-97 所示。

步骤 22　圆角特征建模。单击造型工具栏上的"圆角"按钮，选择步骤 18 和步骤 20 相关轮廓中的铸造圆角棱边，设置大圆角半径为 5 mm，小圆角半径为 2 mm，单击"确定"按钮，完成圆角特征建模，如图 3-98 所示。

图 3-96　孔特征参数设置

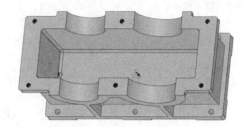

图 3-97　孔特征建模

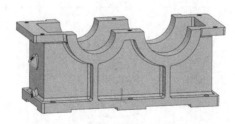

图 3-98　圆角特征建模

项目总结

　　基础建模是后续特征编辑、曲面建模和参数化建模的基础。本项目的主要任务是培养空间想象力，能够完成由平面到空间，再由空间到平面的转换，即完成由机械识图到三维建模的基本操作。

　　基础建模项目涵盖了三维建模软件特征命令的基本操作，包括对所需创建模型的结构特点进行分析，形成基本的建模思路；选择合适的基准面，草绘对应的轮廓；选择合适的特征命令，并设置合适的特征参数；反复进行特征命令嵌套叠加时，选取合适的布尔运算法则；对于规则的特征命令，可利用基础编辑单元对已完成的特征模型进行整合复制操作，进一步提高建模效率。

基本特征命令主要包括基础造型、工程特征、基础编辑以及基准创建等单元。本项目选取了几个典型的工程实例,对大部分基本特征命令操作进行了演示,同学们可以在课下尝试举一反三,换个建模思路对任务中的零件或项目实战的零件进行模型创建,以便更熟练地操作三维建模软件,并更深入地掌握本项目的教学内容。

【守正创新】

随着计算机技术和三维建模软件的发展,传统的平面图设计模式正在被新的三维建模方式取代。针对工业产品目前所提倡的概念化、定制化理念,二维图纸在表述设计理念及展示复杂结构时显得有点力不从心。对接产业需求,三维实体建模是机械结构设计、生产制造的基础。

通过学习三维建模技术,将机械设计过程直观化、高效化,可以大大激发学生学习专业知识的兴趣,提升学生的专业能力,使得学生在就业择业过程中拥有更多的主动权和选择权。

⚙ 项目实战

【强化训练】

按照图 3-99 ~ 图 3-102 所示的二维图样进行三维建模。

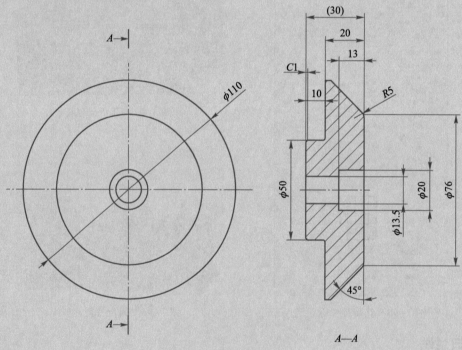

图 3-99　压盖二维图

【企业案例】

如图 3-103、图 3-104 所示为企业实际生产加工实例,在图形轮廓和二维尺寸的基础上,图样上还体现了产品的材料属性及相关工艺要求,方便在构思建模时,将建模步骤与零件属性及加工工艺内容进行综合考虑,尽量与实际加工相符,保证工艺性、互换性及适用性。

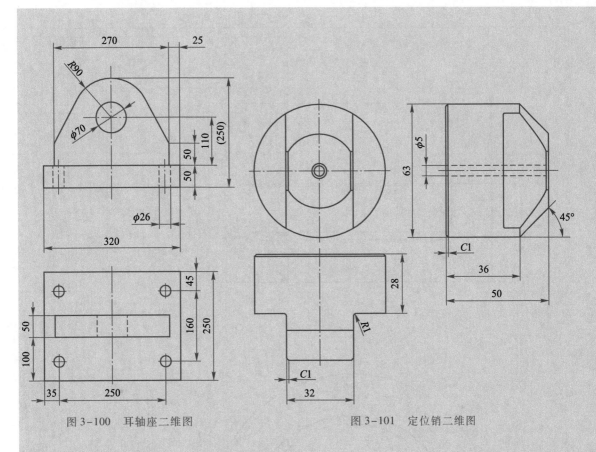

图 3-100　耳轴座二维图

图 3-101　定位销二维图

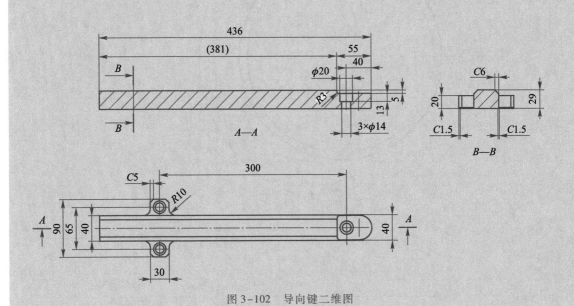

图 3-102　导向键二维图

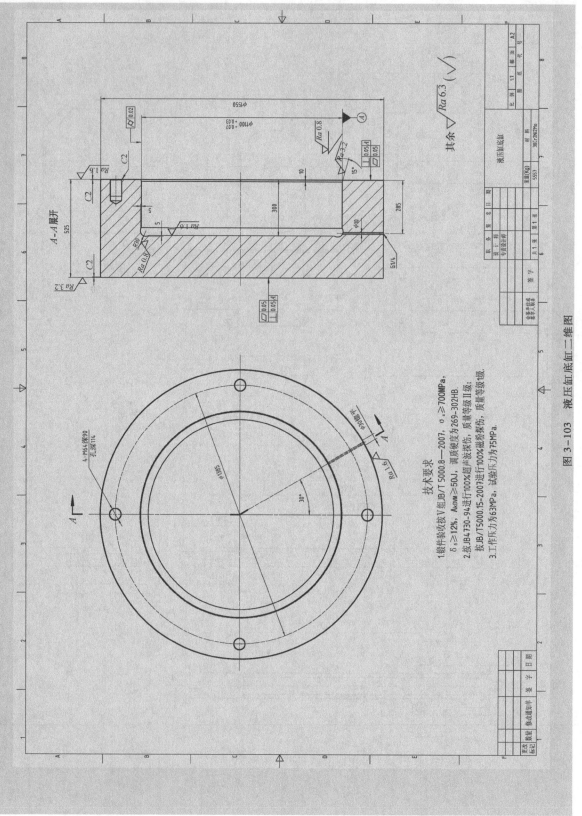

图 3-103 液压缸底缸二维图

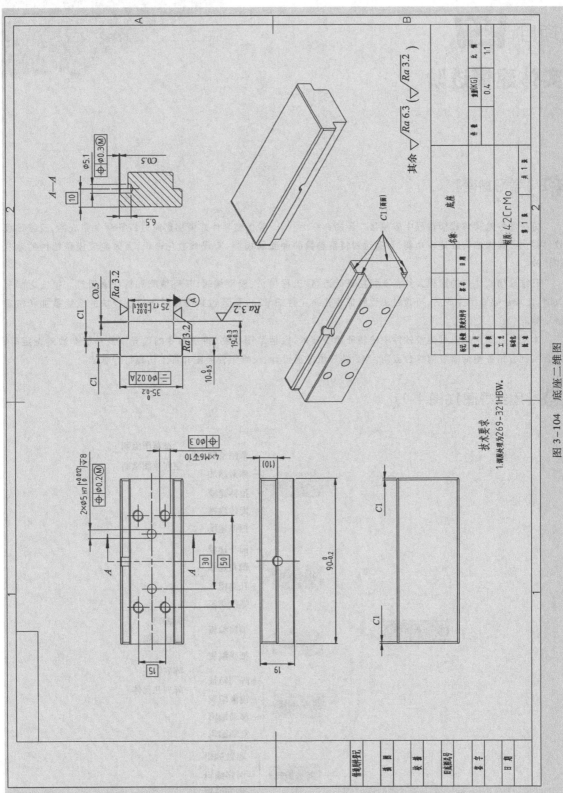

图 3-104 底座二维图

项目 **四**

实体建模进阶

⚙ 【学习指南】

　　特征命令是实体建模过程中应用最广泛的命令之一,一般机械零件建模都是通过特征命令完成的,三维建模软件提供了强大的特征建模功能,可通过对特征参数的调整和控制,实现参数化建模,高效完成模型结构的建立和修改。

　　三维建模软件中的建模工具主要包括基础造型、工程特征、模型编辑、基础编辑和特征编辑等。模块之间有关联,比如基础造型完成后,可通过工程特征操作来完善细节,也可通过基础编辑来实现模块的成组叠加和位置移动等。

　　本项目主要介绍三维建模软件中的特征建模技术,包括草图绘制、特征命令的选择以及特征参数的设定等,结合实例介绍各特征命令的综合应用,为后续三维曲面设计、三维组件装配和加工仿真打好基础。

⚙ 【思维导图】(图 4-1)

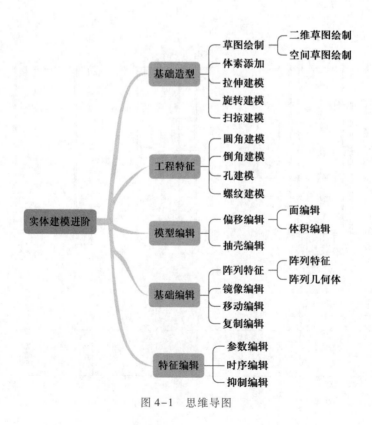

图 4-1　思维导图

【X证书技能点】

- 基本特征创建,如拉伸、旋转等。
- 设计特征的使用,如孔、螺纹等。
- 细节特征的创建,如倒角、圆角等。
- 关联复制特征的使用,如镜像、阵列等。
- 能根据设计要求合理选择特征建模命令,创建所需模型。
- 能根据设计要求对模型进行基础编辑和特征编辑。

项目认知　特征编辑知识

特征编辑是三维实体建模过程中必不可少的操作,根据方案的调整,设计者经常面临修改模型的情况。特征编辑主要指在特征树中寻找需要修改的特征,通过调整特征参数,从而完成模型的修改。三维建模软件具备便捷的特征编辑功能,使其与参数化建模有效结合,大大提高设计效率。

1. 特征参数修改

在管理器的特征节点界面下,自上而下用鼠标左键单击节点任务条,右侧模型上对应建模特征就会点亮,这样根据设计修改需要,很方便就可以找到对应的特征任务,双击打开对应对话框对其参数进行修改,则后续特征任务就会以本次修改为参照,相应作出调整。如需修改后续任务条的特征参数,可同理依次完成,系统将遵循先后顺序,在特征树中自上而下依次进行修改。

比如,在六角头螺栓特征参数修改过程中,需要调节螺栓的总长和螺纹的长度,原特征参数如图4-2所示,在特征树中首先找到"圆柱体2_凸台"的特征节点,双击打开对应对话框将长度由40 mm改成50 mm,如图4-3所示,单击"确定"按钮。

接下来,在特征树中找到"螺纹_1"的特征节点,双击打开对应对话框将长度由20 mm改成30 mm,如图4-4所示,单击"确定"按钮,即完成模型所需的特征修改。

图4-2 原特征参数

2. 特征时序编辑

特征时序就是特征构建顺序,改变特征的构建顺序后,模型的形状可能会差别很大。在对模型进行修改时,尝试修改特征时序有时可以迅速实现模型修改。

比如,在法兰端盖模型修改过程中,需要为每个孔入口轮廓倒角,原特征时序如图4-5所示。在原特征树中"孔1"特征后进行了"阵列1"特征命令,如果此时接着在"阵列1"特征后建立"倒角1"特征,那么每个孔轮廓均需手动选择,或者再重复一次阵列特征。

如果孔的数量少还好,如果有几层孔或者孔的数量比较多,那操作起来未免太麻烦了。可以通过建立一个孔的"倒角1"特征,然后在特征树上,单击鼠标左键选中新建的"倒角1"特征,将其拖曳到"阵列1"特征的前面,如图4-6所示,完成新增特征,并编辑特征时序,即可便捷高效地完成模型修改工作,修改后法兰端盖模型如图4-7所示。

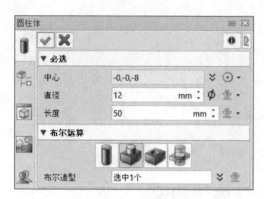

图 4-3 总长参数修改

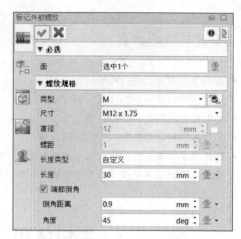

图 4-4 螺纹长参数修改

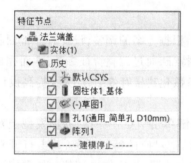

图 4-5 原特征时序

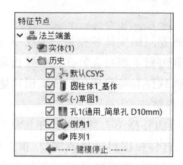

图 4-6 修改后特征时序

3. 特征抑制

特征抑制用于临时从目标体及显示中移除一个或多个特征。实际上,抑制的特征依然存在于数据库中,只是将其从模型显示中删除了而已。这种情况常见于设计方案处于评估状态,有多种方案构思,设计者论证哪种更为合适的时候,这时需要临时将上一方案的痕迹去除,以便于另一种方案模型的构建。

但需要注意的是,有时被抑制的特征后续会有很多与其相关联的特征,将被抑制的特征定义为父级特征,与其相关联的特征定义为子级特征,那么在抑制父级特征时,子级特征也同时被连带抑制了。

比如,在法兰端盖模型修改过程中,想把圆孔换成方孔,如图 4-8 所示,在原特征树中单击鼠

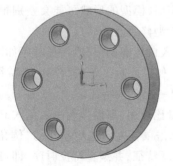

图 4-7 修改后法兰端盖模型

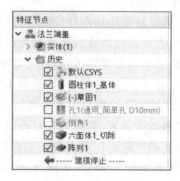

图 4-8 特征抑制

标右键将抑制"孔1"特征,其后进行的"倒角1"和"阵列1"特征也随之被抑制,通过重新设定"阵列1"特征参数表中的阵列特征,或重新建立一个"阵列2"特征才能完成阵列功能。

任务一 六角头螺栓的建模

【学习目标】

(1)能利用圆柱体、旋转、螺纹等造型方法绘制六角头螺栓。
(2)掌握正多边形草图的绘制方法。

【相关知识点】

六角头螺栓是一种标准化零件,本任务以 GB/T 5782—2016 的六角头螺栓为例,介绍其建模思路和过程,以便于在现有标准件不能满足使用需求时,也能够顺利完成非标产品的结构设计。在建模过程中,需掌握以下知识点:

(1)对所需建模零件结构有初步认识,在三维建模软件中创建零件并按要求命名。

根据 GB/T 5782—2016 六角头螺栓的二维结构图(如图4-9所示)确定结构参数。

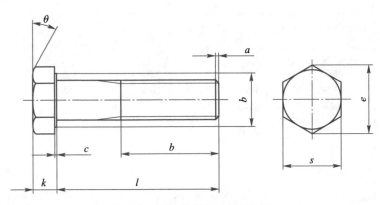

图4-9 六角头螺栓二维结构图

假设需要构建的模型为 M12 的六角头螺栓,主要参数如表4-1所示。

表4-1 六角头螺栓主要参数

名称	代号	尺寸数值	名称	代号	尺寸数值
螺纹规格	d	M12	对边宽度	s	18 mm
螺纹长度	b	30 mm	螺纹倒角	a	0.8×45°
总长度	l	50 mm	阶梯台厚度	c	0.5 mm
六角头厚度	k	7.5 mm	阶梯台直径	b	16.5 mm
对角宽度	e	20.78 mm	六角头倾角	α	30°

(2)初步构思建模顺序,并根据需要绘制相应草图。

（3）对于常见规则图形，建模方法有两种：

① 单击造型工具栏上的"草图"按钮 ，进入对应绘图界面，按需绘制轮廓后退出草图。单击造型工具栏上的"拉伸"按钮，设置拉伸参数，进行拉伸建模。

② 单击造型工具栏上的"圆柱体""圆锥体""六面体""球体"等按钮直接插入所需体素，模型具体轮廓尺寸和定位点可通过参数设置来逐一设定。

基本特征命令的穿插反复应用，包括"旋转""拉伸""标记外部螺纹"等。

【实例描述】

采用三维建模软件绘制如图 4-10 所示六角头螺栓。

学生可根据自己对零件的分析，设计零件建模方案。

【实施步骤】

图 4-10　六角头螺栓

步骤 1　创建零件新对象。单击"新建"按钮 或单击菜单栏中的"文件"→"新建"。在"新建文件"窗口中选择类型为"零件"，输入文件名"六角头螺栓"，如图 4-11 所示，单击"确认"按钮，进入造型模式。

六角头螺栓
的建模

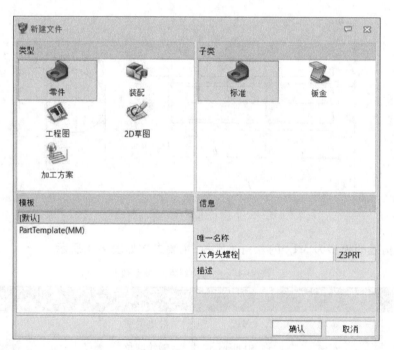

图 4-11　新建零件

步骤 2　绘制正六边形草图。单击造型工具栏上的"草图"按钮 ，进入 XOY 面草图，单击绘图工具栏上的"正多边形"按钮 ，绘制一个内切圆半径为 9 mm 的正六边形，如图 4-12 所示。

步骤 3　拉伸特征建模。退出草图后，单击造型工具栏上的"拉伸"按钮，选择新建草图为拉伸轮廓,设定拉伸距离为 7.5 mm,完成六角头拉伸特征建模,如图 4-13 所示。

图 4-12　绘制正六边形草图

图 4-13　六角头拉伸特征建模

步骤 4　倾斜面旋转建模。单击造型工具栏上的"草图"按钮 ，进入 *XOY* 面草图,构建一个三角封闭轮廓,定位尺寸如图 4-14 所示。然后退出草图,单击造型工具栏上的"旋转"按钮 ，选择新建的草图为旋转轮廓,进行布尔减运算,如图 4-15 所示,完成六角头倾斜面旋转建模。

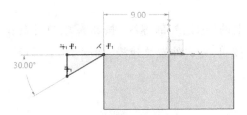

图 4-14　三角封闭轮廓的定位尺寸

图 4-15　六角头倾斜面旋转建模

步骤 5　阶梯台建模。单击造型工具栏上的"圆柱体"按钮 ，通过选取六角头两对边中点连线的中点为圆柱体圆心的方法,将直径为 16.5 mm,厚度为 0.5 mm 的圆柱体进行布尔加运算,完成阶梯台建模,如图 4-16 和图 4-17 所示。

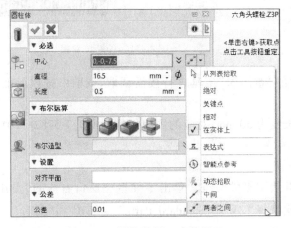

图 4-16　圆柱体圆心参数设置

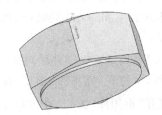

图 4-17　阶梯台建模

步骤 6　螺栓光杆建模。再次单击造型工具栏上的"圆柱体"按钮 ，通过选取阶梯台的曲率中心为圆柱体圆心的方法,将直径为 12 mm,长度为 50 mm 的圆柱体进行布尔加运算,完成螺栓光杆建模,如图 4-18 和图 4-19 所示。

图 4-18　圆柱体圆心参数设置

图 4-19　螺栓光杆建模

步骤 7　外螺纹建模。单击造型工具栏上的"标记外部螺纹"按钮，打开其窗口，设定相应的尺寸参数，如图 4-20 所示，单击"确定"按钮，完成外螺纹建模，如图 4-21 所示。

螺纹的建模

图 4-20　外螺纹参数设定

图 4-21　外螺纹建模

常规标准件可利用三维建模软件中的"重用库"工具进行按需调取，调取中按照标准选择对应的零件，并赋予适当的结构参数。

如本任务中 M12×50 的螺栓，螺纹长度为 30 mm，对应的国家标准为 GB/T 5782—2016，调用步骤如下：

步骤 1　创建螺栓零件新对象。

步骤 2　打开"重用库"窗口，按标准选取零件类型。单击零件造型窗口右侧的"重用库"按钮，打开"重用库"窗口，在窗口中依次选择"ZW3D Standard Parts"→"GB"→"螺栓"→"六角头螺栓"→"六角头螺栓 GB-T 5782.Z3"，如图 4-22 和图 4-23 所示。

步骤 3　设置螺栓结构参数，完成重用零件调用。双击"六角头螺栓 GB-T 5782.Z3"，进入零件结构参数设置界面，设置螺栓结构参数，性能等级选 8.8 级，如图 4-24 所示，选定插入点为坐标原点，插入基准面为 XOY 面，即可完成重用零件调用，如图 4-25 和图 4-26 所示。

图 4-22 "重用库"按钮位置

图 4-23 重用件类型选取

图 4-24 零件结构参数设置

图 4-25 插入位置和基准设置

图 4-26 重用零件调用完成

任务二　压缩弹簧的建模

【学习目标】

（1）能利用螺纹扫掠、拉伸等造型方法绘制压缩弹簧。

（2）对参数化建模有初步了解，能够通过调整参数来修改模型。

【相关知识点】

弹簧是一种参数化的零件，它的结构是由弹簧丝直径、弹簧中径、节距、有效圈数和总圈数来确定的。在建模过程中，需掌握以下知识点：

（1）对所需建模的零件结构有初步认识，在三维建模软件中创建零件并按要求命名。

确定直齿圆柱齿轮参数如下：

弹簧丝直径 d：3.2 mm

弹簧中径 D：13.2 mm

节距 t：9 mm

有效圈数 n：6.5

总圈数 n_1：7.5

经计算得出弹簧的自然长度：$L = nt + d = 61.7$ mm

（2）初步构思建模顺序，并根据需要绘制相应草图。

（3）基本特征命令"拉伸""弹簧扫掠"的熟练应用。

【实例描述】

采用三维建模软件绘制如图 4-27 所示压缩弹簧。

图 4-27　压缩弹簧

学生可根据自己对零件的分析，设计零件建模方案。

【实施步骤】

步骤 1　创建零件新对象。单击"新建"按钮 或单击菜单栏中的"文件"→"新建"。在"新建文件"窗口中选择类型为"零件"，输入文件名"压缩弹簧"，如图 4-28 所示，单击"确认"按钮，进入造型模式。

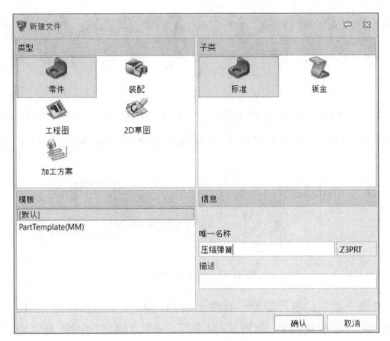

压缩弹簧的
创建（一）

压缩弹簧的
创建（二）

图 4-28 新建零件

步骤 2 绘制扫掠轮廓。单击造型工具栏上的"草图"按钮 ，进入草图，绘制扫掠轮廓并对其进行尺寸和定位约束，如图 4-29 所示。

步骤 3 扫掠有效圈数弹簧。单击造型工具栏上的"螺旋扫掠"按钮 ，打开相应窗口，选择刚刚新建的草图轮廓和扫掠轴线，输入有效匝数和距离（节距），如图 4-30 所示，单击"确定"按钮，完成有效圈数的扫掠命令，如图 4-31 所示。

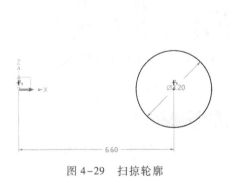

图 4-29 扫掠轮廓

图 4-30 扫掠参数设置

步骤 4 扫掠弹簧两端。再次单击造型工具栏上的"螺旋扫掠"按钮 ，打开相应窗口，依然选择上述草图轮廓，向两端分别赋予扫掠轴线方向，输入匝数和贴合节距，单击"确定"按钮 ，完成总圈数的扫掠命令，如图 4-32 所示。

图4-31　扫掠有效圈数弹簧　　　　　　　图4-32　扫掠弹簧两端

步骤5　绘制拉伸轮廓。单击造型工具栏上的"草图"按钮 ，进入草图，在两端绘制两个轮廓大于弹簧大径的矩形，并给出定位尺寸，保证总长为61.7 mm，如图4-33所示。

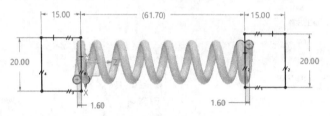

图4-33　绘制拉伸轮廓

步骤6　拉伸切平端头。单击造型工具栏上的"拉伸"按钮，打开"拉伸"窗口，选择要拉伸的轮廓等参数，进行布尔减运算，如图4-34所示，单击"确定"按钮，即完成建模，如图4-35所示。

图4-34　拉伸参数设置　　　　　　　图4-35　完成拉伸切平端头

任务三　弯管的建模

【学习目标】

（1）能利用扫掠造型方法进行空间三维布管。
（2）掌握空间三维曲线的绘制方法。

【相关知识点】

三维空间管道敷设是工业领域不可或缺的一项设计技能，比如化工、船舶、航空航天产业，设备的正常运转离不开液压与气动传动技术,因此,利用三维软件对管道走向及预制管尺寸进行设计,很大程度上可提前完成空间评估和干涉预判,从而对设计方案作出合理有效的调整。在建模过程中,需掌握以下知识点:

(1)对所需建模的零件结构有初步认识,在三维建模软件中创建零件并按要求命名。

根据设备三维布局图及二维尺寸(如图4-36、图4-37所示)确定三维空间曲线走向及预制管长度。

(2)初步构思建模顺序,并根据需要绘制相应3D草图。

(3)熟练应用基本特征命令"扫掠"。

(4)配合原有设备三维装配图,将弯管零件插入其中,准确判断弯管走向及尺寸是否满足要求,并根据需要以现有设备为基准在线调整方案。

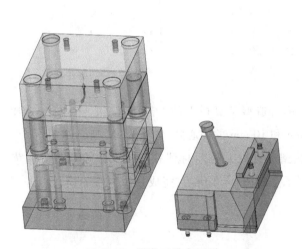

图4-36 设备三维布局图

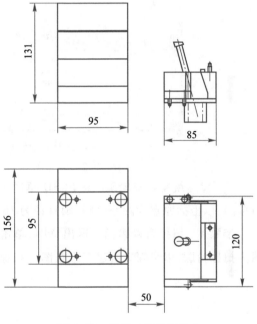

图4-37 设备二维布局尺寸

【实例描述】

采用三维建模软件绘制如图4-38所示绕行设备的弯管敷设,要求管道外径为16 mm,壁厚为3 mm,选材为20#无缝钢管。

学生可根据自己对零件的分析,设计零件建模方案。

【实施步骤】

步骤1 创建零件新对象。单击"新建"按钮或单击菜单栏中的"文件"→"新建"。在"新建

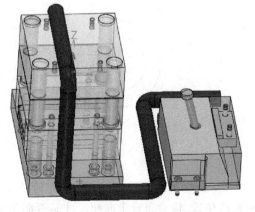

图4-38 维行设备的弯管敷设

文件"窗口中选择类型为"零件",输入文件名"弯管",如图4-39所示,单击"确认"按钮,进入造型模式。

步骤2　绘制扫掠路径。单击造型工具栏上的"3D草图"按钮,进入草图界面,与装配设备三坐标相统一,按照对应的三轴坐标走向和尺寸,以坐标原点为起点进行3D草图绘制,根据预设管道直径,折弯处采用半径为12 mm的圆角处理,如图4-40所示。

弯管的建模

图4-39　新建零件

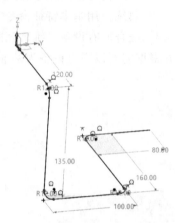

图4-40　绘制扫掠路径

步骤3　绘制扫掠轮廓。退出3D草图后,单击造型工具栏上的"草图"按钮,进入ZOY面草图,以坐标原点为圆心,分别画直径为16 mm和10 mm的同心圆,如图4-41所示。

步骤4　扫掠弯管建模。退出草图,单击造型工具栏上的"扫掠"按钮,以步骤3所建草图为扫掠轮廓,以步骤2所建三维草图为扫掠路径,如图4-42所示,完成扫掠弯管建模。

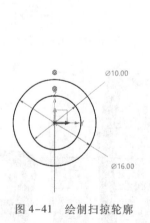

图4-41　绘制扫掠轮廓

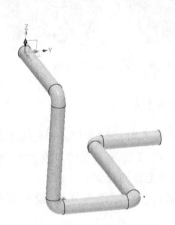

图4-42　扫掠弯管建模

步骤5　检验三维布管合理性。将绘制好的弯管零件插入已知设备的三维装配图中,安放在合适位置,检验布管走向和尺寸是否满足要求且不发生干涉,三维空间验证图如图4-43所示。如需修改可在装配界面下直接进入弯管零件图中进行在线修改,如图4-44所示。

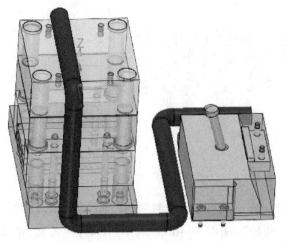

图 4-43　三维空间验证图

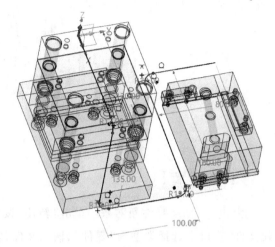

图 4-44　在线修改弯管模型

任务四　曲轴的建模

【学习目标】

（1）能利用拉伸、旋转、镜像、复制、打孔等造型方法绘制曲轴。

（2）掌握正多边形草图的绘制方法。

【相关知识点】

曲轴是发动机中最重要的部件，其结构形状相对一般零件更为复杂，需要结合应用实体建模所需要的一些造型命令。在建模过程中，需掌握以下知识点：

（1）对所需建模零件结构有初步认识，在三维建模软件中创建零件并按要求命名。

（2）初步构思建模顺序，并根据需要绘制相应草图。

（3）对于常见规则图形，建模方法有三种：

① 单击造型工具栏上的"草图"按钮 ，进入对应绘图界面，按需绘制轮廓后退出草图。

② 单击造型工具栏上的"拉伸"按钮，设置拉伸参数，进行拉伸建模。

③ 单击造型工具栏上的"圆柱体""圆锥体""六面体""球体"等按钮直接插入所需体素，模型具体轮廓尺寸和定位点可通过参数设置来逐一设定。

（4）基本特征命令的穿插反复应用，包括"旋转""镜像""复制""倒角""圆角"等。

【实例描述】

采用三维建模软件绘制如图 4-45 所示曲轴零件。

学生可根据自己对零件的分析，设计零件建模方案。

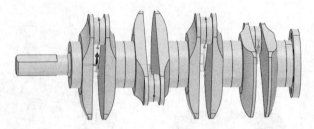

图 4-45　曲轴零件

【实施步骤】

步骤 1　创建零件新对象。 单击"新建"按钮 ☐ 或单击菜单栏中的"文件"→"新建"。在"新建文件"窗口中选择类型为"零件",输入文件名"曲轴",如图 4-46 所示,单击"确认"按钮,进入造型模式。

曲轴的建模
（一）

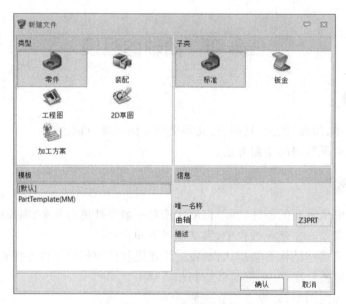

图 4-46　新建零件

步骤 2　绘制拉伸轮廓。 单击造型工具栏上的"草图"按钮 ✎ ,进入 ZOY 面草图,绘制半径分别为 10 mm 和 17 mm 的两个圆,定位尺寸如图 4-47 所示。

步骤 3　主轴颈拉伸建模。 退出草图后,单击造型工具栏上的"拉伸"按钮 🗐 ,打开"拉伸"窗口,选择新建草图中小半径的圆为拉伸轮廓,设定拉伸距离为 4.5 mm,如图 4-48 所示单击"确定"按钮,再次单击"拉伸"按钮,打开"拉伸"窗口,选择新建草图中大半径的圆为拉伸轮廓,设定拉伸距离为 7.5 mm 如图 4-49 所示,单击"确定"按钮,完成主轴颈拉伸建模,如图 4-50 所示。

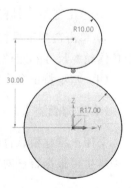

图 4-47　绘制拉伸轮廓

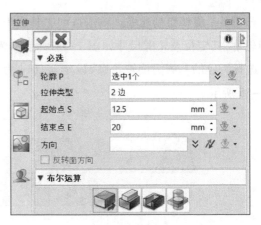

图 4-48　小半径圆拉伸参数设置　　　　　图 4-49　大半径圆拉伸参数设置

步骤 4　曲柄臂拉伸建模。单击造型工具栏上的"草图"按钮 ，进入 *ZOY* 面草图,构建一个封闭轮廓,定位及轮廓尺寸如图 4-51 所示。然后退出草图,单击造型工具栏上的"拉伸"按钮 ,打开"拉伸"窗口,选择新建的草图为旋转轮廓,设定拉伸距离为 8 mm,如图 4-52 所示,并将两尖角处倒圆角,半径为 5 mm,完成曲柄臂拉伸建模,如图 4-53 所示。

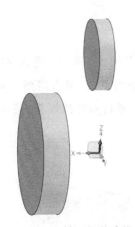

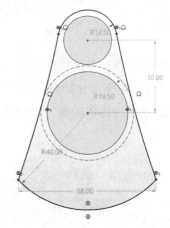

图 4-50　主轴颈拉伸建模　　　　　图 4-51　封闭轮廓的定位及轮廓尺寸

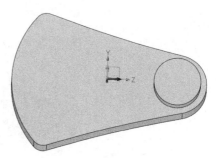

图 4-52　拉伸参数设置　　　　　　　图 4-53　曲柄臂拉伸建模

　　步骤5　旋转切削建模。单击造型工具栏上的"草图"按钮 ，进入 *ZOX* 面草图，绘制一个封闭轮廓，其定位及轮廓尺寸如图 4-54 所示。然后退出草图，单击造型工具栏上的"旋转"按钮 ，选择新建的草图为旋转轮廓，设定旋转轴为 *X* 轴，进行布尔减运算，完成旋转切削建模，如图 4-55 所示。

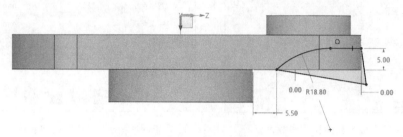

图 4-54　封闭轮廓的定位及轮廓尺寸

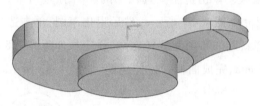

图 4-55　旋转切削建模

　　步骤6　旋转切削建模。再次单击造型工具栏上的"草图"按钮 ，进入 *ZOX* 面草图，绘制一个封闭轮廓，其定位及轮廓尺寸如图 4-56 所示。然后退出草图，单击造型工具栏上的"旋转"按钮 ，选择新建的草图为旋转轮廓，设定旋转轴为 *X* 轴，进行布尔减运算，完成旋转切削建模，如图 4-57 所示。

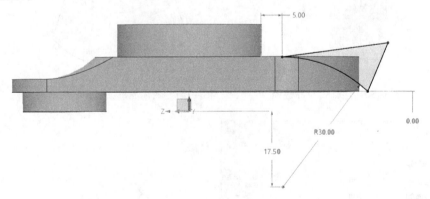

图 4-56　封闭轮廓的定位及轮廓尺寸

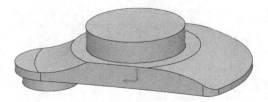

图 4-57　旋转切削建模

步骤 7　旋转切削建模。单击造型工具栏上的"草图"按钮，进入 *ZOY* 面（即小半径主颈轴端面）草图，绘制一个油杯孔旋转轮廓，其定位及轮廓尺寸如图 4-58 所示。然后退出草图，单击造型工具栏上的"旋转"按钮，选择新建的草图为旋转轮廓，设定旋转轴为 *Z* 轴，进行布尔减运算，完成旋转切削建模，如图 4-59 所示。

曲轴的建模（二）

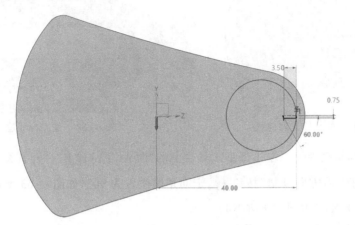

图 4-58　旋转轮廓的定位及轮廓尺寸

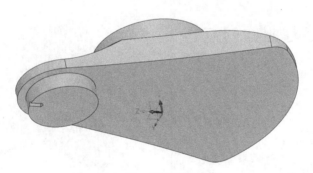

图 4-59　旋转切削建模

步骤 8　油道的旋转切削建模。单击造型工具栏上的"草图"按钮，进入 *ZOX* 面草图，绘制一个矩形轮廓，其定位及轮廓尺寸如图 4-60 所示。然后退出草图，单击造型工具栏上的"旋转"按钮，选择新建的草图为旋转轮廓，设定旋转轴为左上方长边，进行布尔减运算，完成油道的旋转切削建模，如图 4-61 所示。

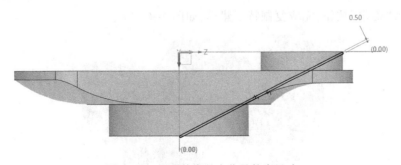

图 4-60　矩形轮廓的定位及轮廓尺寸

步骤 9　镜像建模。单击造型工具栏上的"镜像特征"按钮 ，打开其窗口，选定以上所有特征，镜像平面为 *ZOY* 面，单击"确定"按钮，完成镜像特征建模，如图 4-62 所示。

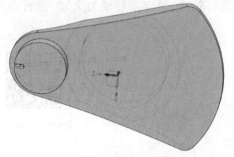

图 4-61　油道的旋转切削建模

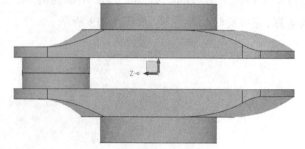

图 4-62　镜像特征建模

步骤 10　复制特征建模。单击造型工具栏上的"复制"按钮 ，打开其窗口，选定以上整个实体，复制类型选择"沿方向复制"按钮 ，定向角度设置为 90°，如图 4-63 所示，单击"确定"按钮，完成复制特征建模，如图 4-64 所示。

图 4-63　复制参数设置

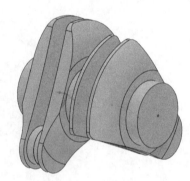

图 4-64　复制特征建模

步骤 11　复制特征建模。再分两次单击造型工具栏上的"复制"按钮 ，打开其窗口：

（1）选定步骤 10 被复制生成的实体，复制类型选择"沿方向复制"按钮 ，定向角度设置为 -90°，单击"确定"按钮。

（2）选定步骤 11（1）被复制生成的实体，复制类型选择"沿方向复制"按钮 ，定向角度设置为 -90°，单击"确定"按钮，完成复制特征建模，如图 4-65 所示。

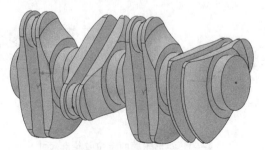

图 4-65　复制特征建模

步骤 12　后端头旋转建模。再次单击造型工具栏上的"草图"按钮 ，进入 *ZOX* 面草图，绘制一个封闭轮廓，其定位及轮廓尺寸如图 4-66 所示。然后退出草图，单击造型工具栏上的"旋转"按钮，选择新建的草图为旋转轮廓，设定旋转轴为 *X* 轴，进行布尔加运算，完成后端头旋转建模，如图 4-67 所示。

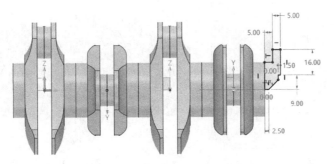

曲轴的建模（三）

图 4-66　封闭轮廓的定位及轮廓尺寸

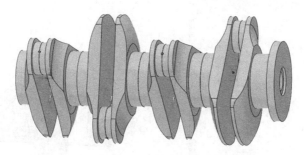

图 4-67　后端头旋转建模

步骤 13　螺纹孔建模。再次单击造型工具栏上的"草图"按钮，进入后端头端面草图，绘制一个外接圆半径为 20 mm 的正六边形，其定位及轮廓尺寸如图 4-68 所示。然后退出草图，单击造型工具栏上的"孔"按钮，选择正六边形的六个顶点为孔中心，螺纹孔参数设置如图 4-69 所示，单击"确定"按钮，完成后端头法兰盘的螺纹孔建模，如图 4-70 所示。

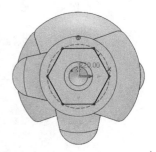

图 4-68　正六边形的定位及轮廓尺寸

步骤 14　前轴端头建模。单击造型工具栏上的"圆柱体"按钮，打开其窗口，选定曲轴前端头端面，圆柱体参数设置如图 4-71 所示，单击"确定"按钮。单击造型工具栏上的"倒角"按钮，在新添加的圆柱体前端面边缘设置 1×45° 的倒角，单击"确定"按钮，完成前轴端头建模，如图 4-72 所示。

步骤 15　拉伸切削建模。单击造型工具栏上的"草图"按钮，进入前端头圆柱体端面草图，绘制两个月牙形封闭轮廓，其定位及轮廓尺寸如图 4-73 所示。然后退出草图，单击造型工具栏上的"拉伸"按钮，选择新建的草图轮廓为拉伸轮廓，拉伸参数设置如图 4-74 所示，单击"确定"按钮，完成布尔减运算的拉伸切削建模，如图 4-75 所示。

图 4-69　螺纹孔参数设置

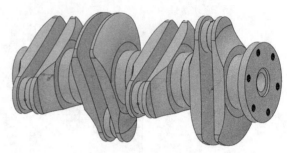

图 4-70　螺纹孔建模

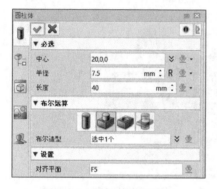

图 4-71　圆柱体参数设置

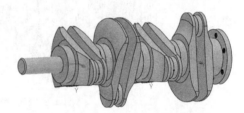

图 4-72　前轴端头建模

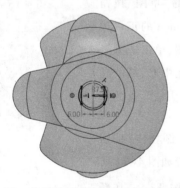

图 4-73　月牙形封闭轮廓的定位及轮廓尺寸

图 4-74　拉伸参数设置

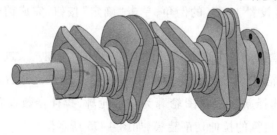

图 4-75　拉伸切削建模

步骤 16　圆角建模。单击造型工具栏上的"圆角"按钮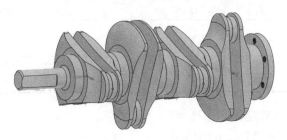，在新添加的圆柱体和主轴颈相接处设置半径为 2 mm 的圆角,单击"确定"按钮,完成圆角建模,如图 4-76 所示。

图 4-76　圆角建模

任务五　直齿圆柱齿轮的建模

【学习目标】

(1)能利用圆柱体、拉伸、阵列等造型方法绘制直齿圆柱齿轮。
(2)掌握渐开线式方程曲线草图的绘制方法。

【相关知识点】

齿轮是一种参数化的零件,它的形状由模数、齿数、压力角、齿顶高系数、顶隙系数以及齿宽确定。在建模过程中,需掌握以下知识点:

(1)对所需建模零件结构有初步认识,在三维建模软件中创建零件并按要求命名。

① 确定直齿圆柱齿轮参数如下:

模数 m:4

齿数 z:24

压力角:20°

内孔径:45 mm

键槽:12×6.4 mm

齿厚:40 mm

② 标准直齿圆柱齿轮计算公式见表 4-2。

表 4-2　标准直齿圆柱齿轮计算公式

名称	代号	公式
分度圆直径	d	$d = mz$
齿顶高	h_a	$h_a = m$
齿根高	h_f	$h_f = 1.25m$
齿顶圆直径	d_a	$d_a = m(z+2)$
齿根圆直径	d_f	$d_f = m(z-2.5)$

续表

名称	代号	公式
齿距	p	$p = \pi m$
齿厚	s	$s = \dfrac{1}{2}\pi m$
中心距	a	$a = \dfrac{1}{2}(d_1 + d_2) = \dfrac{1}{2}m(z_1 + z_2)$

③ 根据齿轮计算公式确定圆柱体尺寸

齿顶圆直径 $d_a = 4 \times (24 + 2)\ \text{mm} = 104\ \text{mm}$

分度圆直径 $d = 4 \times 24\ \text{mm} = 96\ \text{mm}$

齿根圆直径 $d_f = 4 \times (24 - 2.5)\ \text{mm} = 86\ \text{mm}$

基圆直径 $= \cos 20° \times d \approx 90.2\ \text{mm}$

（2）初步构思建模顺序，并根据需要绘制相应草图。

（3）对于常见规则图形，建模方法有两种：

① 单击造型工具栏上的"草图"按钮 ，进入对应绘图界面，按需绘制轮廓后退出草图，单击造型工具栏上的"拉伸"按钮 ，设置拉伸参数，进行拉伸建模。

② 单击造型工具栏上的"圆柱体""圆锥体""六面体""球体"等按钮，直接插入所需体素，模型具体轮廓尺寸和定位点可通过参数设置来逐一设定。

（4）基本特征命令的穿插反复应用，包括"拉伸""镜像""阵列"等。

【实例描述】

采用三维建模软件绘制如图 4-77 所示直齿圆柱齿轮。

学生可根据自己对零件的分析，设计零件建模方案。

【实施步骤】

步骤 1　创建零件新对象。单击"新建"按钮 或单击菜单栏中的"文件"→"新建"。在"新建文件"窗口中选择类型为"零件"，输入文件名"齿轮"，单击"确认"按钮，进入造型模式，如图 4-78 所示。

直齿圆柱
齿轮的建模

图 4-77　直齿圆柱齿轮

图 4-78　新建零件

步骤2　齿轮外圆建模。单击造型工具栏上的"圆柱体"按钮，打开其窗口，根据前面的计算数据，输入该齿轮圆柱体的中心、半径以及长度，如图4-79所示，单击"确定"按钮，完成齿轮外圆建模，如图4-80所示。

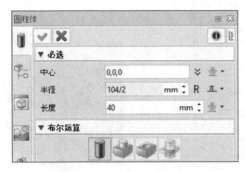

图4-79　圆柱体参数设置　　　　图4-80　齿轮外圆建模

步骤3　齿轮内孔建模。单击造型工具栏上的"圆柱体"按钮，打开其窗口，输入该齿轮圆柱体内孔的中心、半径以及长度，选择布尔减运算模式，如图4-81所示，单击"确定"按钮，完成齿轮内孔建模，如图4-82所示。

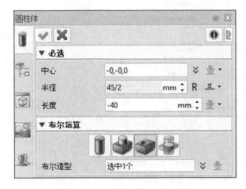

图4-81　圆柱孔参数设置　　　　图4-82　齿轮内孔建模

步骤4　键槽建模。单击造型工具栏上的"六面体"按钮，打开其窗口，如图4-83所示设置参数，单击"确定"按钮，完成键槽建模，如图4-84所示。

步骤5　绘制齿轮方程式曲线。单击造型工具栏上的"草图"按钮，进入草图，单击绘图工具栏上的"方程式"按钮，打开其窗口，将基圆半径尺寸45.1 mm代入坐标方程式，在齿轮面上新建齿廓的渐开线方程，如图4-85所示，单击"确认"按钮，完成方程式曲线绘制，如图4-86所示。

步骤6　绘制拉伸轮廓。选择需要镜像的渐开线，单击基础编辑工具栏上的"镜像"按钮，再选择中心线，完成渐开线的镜像，如图4-87所示。齿根圆处补圆弧并增加圆角，半径为0.4~0.8 mm，渐开线外侧用直线相连，构成完整闭合区域即可。

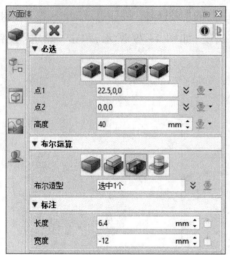

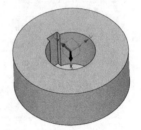

图 4-83　六面体参数设置　　　　　　　　　图 4-84　键槽建模

图 4-85　方程式曲线参数设置

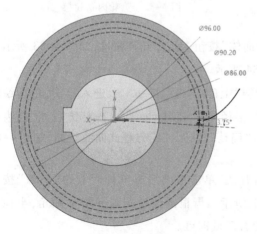

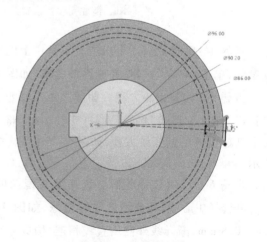

图 4-86　方程式曲线绘制　　　　　　　　　　图 4-87　镜像渐开线

步骤7　单齿槽拉伸建模。单击造型工具栏上的"拉伸"按钮 ，打开其窗口，选择要拉伸的轮廓等参数，进行布尔减运算，如图4-88所示，单击"确定"按钮，完成单齿槽拉伸建模，如图4-89所示。

图4-88　拉伸参数设置

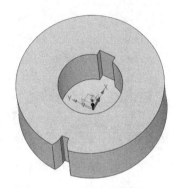

图4-89　单齿槽拉伸建模

步骤8　多齿阵列建模。单击造型工具栏上的"阵列特征"按钮 ，打开其窗口，阵列方向选择Z轴，选择要阵列的基体以及数量角度等参数，如图4-90所示，单击"确定"按钮，完成多齿阵列建模，如图4-91所示。

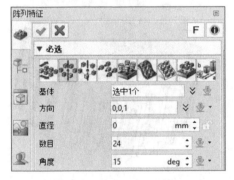

图4-90　阵列参数设置

图4-91　多齿阵列建模

对于常规标准件，可利用三维建模软件中的"重用库"工具进行按需调取，按照标准选择对应的零件，并赋予适当的结构参数。

如本任务中的直齿圆柱齿轮，模数为4，齿数为24，压力角为20°，内孔径为45 mm，键槽尺寸为12×6.4 mm，齿厚为40 mm，对应的国家标准为GB/T 1356—2001，调用步骤如下：

步骤1　创建齿轮零件新对象。

步骤2　打开"重用库"窗口，按标准选取零件类型。单击零件造型窗口右侧的"重用库"按钮 ，打开"重用库"窗口，在窗口中依次选择"ZW3D Standard Parts"→"GB"→"齿轮"→"直齿圆柱外齿轮-GB_T 1356.Z3"，如图4-92所示。

步骤3　设置齿轮结构参数，完成重用件调用。双击"直齿圆柱外齿轮-GB_T 1356.Z3"，进入零件结构参数设置界面，设置齿轮结构参数，如图4-93所示，选定插入点为坐标原点，插入基

准面为 *XOY* 面,即可完成重用件调用,如图 4-94 和图 4-95 所示。

图 4-92　重用件类型选取

图 4-93　齿轮结构参数设置

图 4-94　零件插入位置和基准设置

图 4-95　重用件调用完成

📍 项目总结

　　特征建模是三维建模软件的核心功能,也是进行其他拓展功能的基础,无论是曲面造型、逆向造型、模具设计还是数控加工,都离不开本项目所介绍的特征建模和特征编辑命令。在本项目内容的基础上,学生能够熟练使用建模命令,准确设置参数信息,同时更要注重建模思路的培养,保证更便捷、更高效地完成建模任务。

　　建模尽量选择三坐标元素作为参照基准,如有需要可创建合适的工作面、轴和点,在二维草图绘制过程中,可采用"参考"命令 ,使原有的轮廓作为参考基准,便于绘制过程中轮廓的定位。

　　特征编辑是为了更加高效地实现模型的修改和控制。实际上,模型的构建在整个建模过程中所占用的时间并不是最长的,方案都有反复推敲论证的过程,因此模型的修改反而更烦琐,在进行模型修改时熟练运用本项目的内容将有利于快速修改模型,提高设计效率。

【技术创新】

随着计算机的不断发展,CAD 即计算机辅助设计已成为设计人员不可或缺的重要工具。CAD 技术正经历从二维面向三维的过渡阶段,三维设计软件应用功能广泛,集几何建模、分析计算、仿真加工、工程数据库管理、设计文件生成等功能于一体,可覆盖产品设计的每一个重要环节。

经 CAD 三维设计后的产品模型,可直观有效地表达其设计理念,让用户第一时间掌握产品的基本信息,还可根据需要利用有效模型制作三维动画,更详细地展示机械设备的制造原理、内外部结构、操作过程,如图 4-96 ~ 图 4-99 所示的三维模型,在展会、新品发布、投标现场、工艺生产环节、半导体产品研发、售后维修等不同场景均收到了良好的应用口碑。

产品设计决定了产品结构和产品功能,同时也是决定产品质量的重要环节,优质的产品设计既能降低生产成本、完善产品工艺,又能提高生产效率,使企业获得更高的产品利润。从长远角度来讲,产品设计可协同新材料、新工艺共同进步,从而加速产业数字化生产发展进程,进一步推动国民经济增长,巩固我国改革开放 40 多年来的工业成果,为建设社会主义现代化国家、实现中华民族伟大复兴提供坚实的保障。

图 4-96 新品发布会展示三维模型

图 4-97 投标产品三维模型

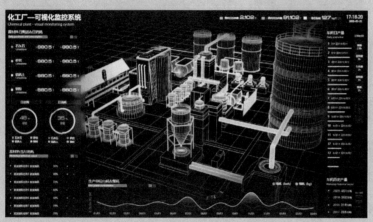

图 4-98　MES 生产系统中三维模型

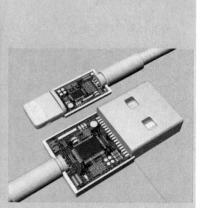

图 4-99　芯片研发三维模型

项目实战

【强化训练】

根据如图 4-100 ~ 图 4-104 所示二维图样进行三维建模,其中图 4-103、图 4-104 的参数见表 4-3、表 4-4。

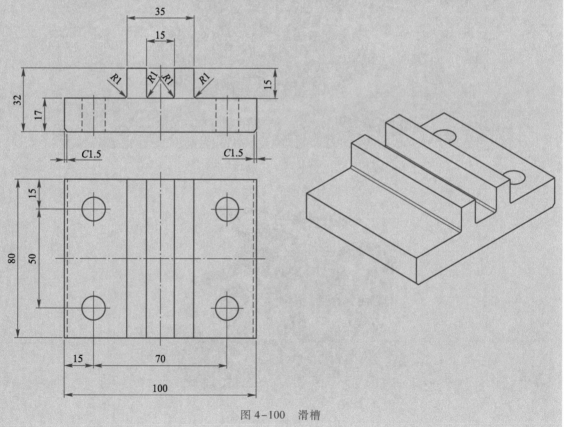

图 4-100　滑槽

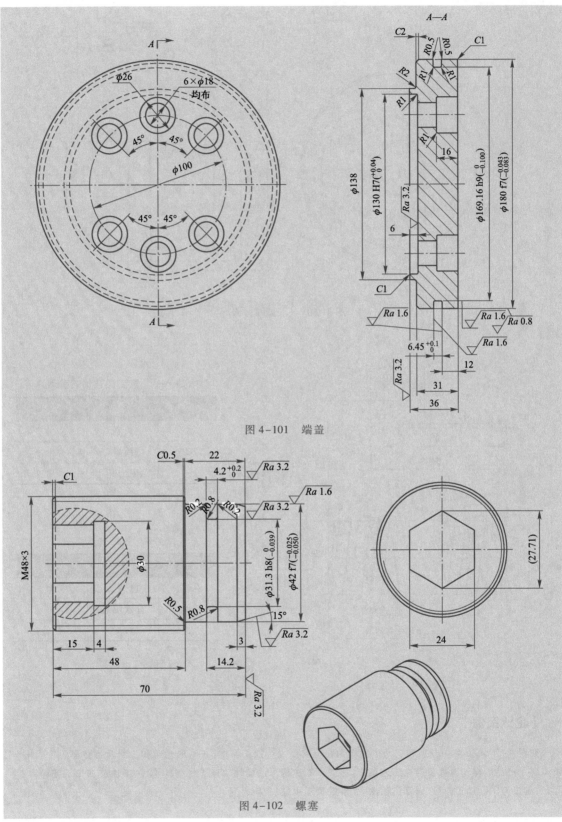

图 4-101　端盖

图 4-102　螺塞

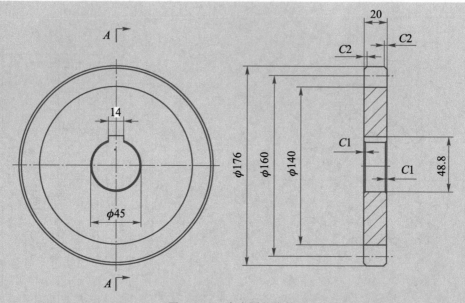

图4-103 直齿圆柱齿轮

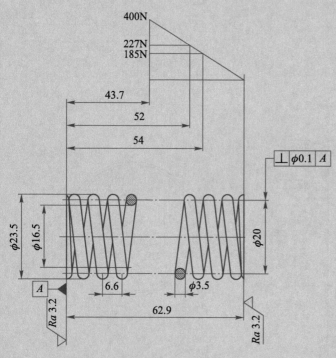

图4-104 压缩弹簧

表4-3 直齿圆柱齿轮参数

序号	参数	数值
1	齿数	20
2	模数	8
3	压力角	20°

表4-4 压缩弹簧参数

序号	参数	数值
1	总圈数	10
2	有效圈数	9
3	旋向	右旋

【企业案例】

如图4-105、图4-106所示的两个案例为企业实际生产加工实例，在图形轮廓和二维尺寸的基础上，图样上还体现了产品的材料属性及相关工艺要求，方便大家在构思建模时，将建模步骤与零件属性及加工工艺内容综合考虑，尽量与实际加工相符，保证工艺性、互换性及适用性。

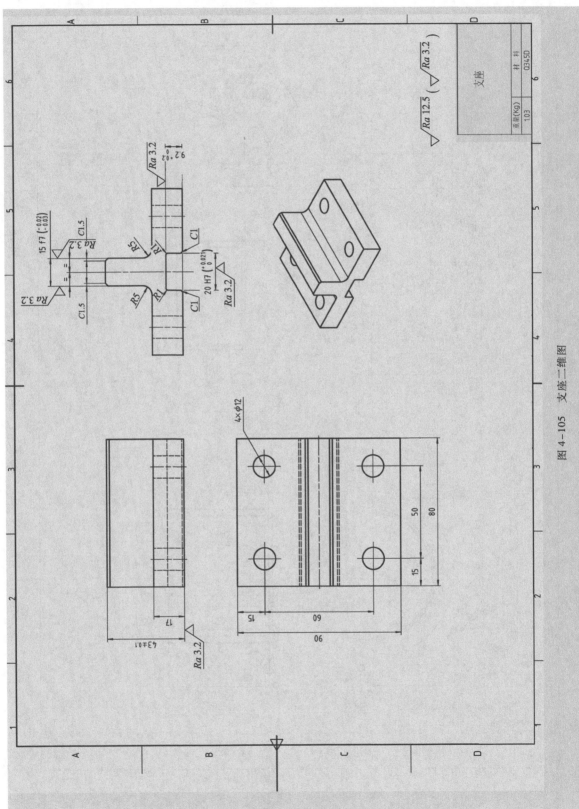

图4-105 支座二维图

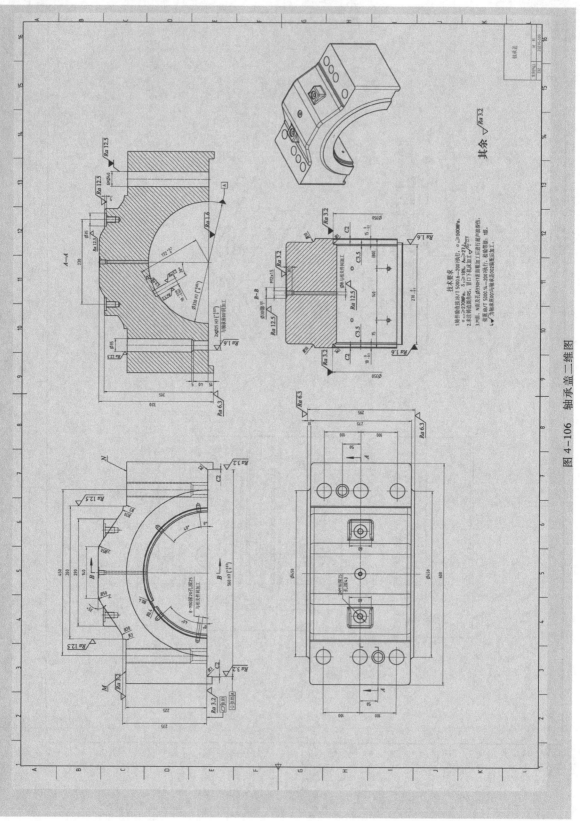

图 4-106 轴承盖二维图

项目 **五**

曲面设计

⚙ 【学习指南】

　　学习完前面四个项目的知识，可以利用二维草绘和实体建模来设计各类常规零件，但实体建模有时并不能满足造型设计需求，特别是设计复杂的自由形状。中望 3D 软件提供多种曲面造型功能，多个曲面封闭后可以构成实体造型，同时实体造型在删除一些曲面后可自动转换为开放的曲面造型，也可以在同一环境里灵活地进行实体和曲面的混合建模，实现自由曲面造型和 A 型曲面建模。

　　曲面造型是计算机辅助几何设计和计算机图形学的一项重要内容，主要研究在计算机图像系统环境下对曲面的表示、设计、显示和分析。对于设计人员来说，掌握曲面建模和编辑可以大幅提升设计效率，实现复杂实体和曲面建模功能。

　　本项目主要介绍中望 3D 2023 软件的曲面构建和曲面操作两部分。常用的曲面造型功能有 U/V 曲面、直纹曲面、N 边形面、合并面、曲面修整等，本项目将通过四个简单的实例详细讲解曲面造型的基本过程和方法，通过学习可对中望 3D 2023 软件的曲面造型有一个比较全面的了解，为后续的灵活使用打下基础。

⚙ 【思维导图】(图 5-1)

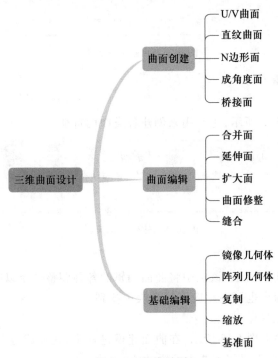

图 5-1　思维导图

【X 证书技能点】

- 掌握零件建模的国家标准,熟悉曲面建模的相关知识。
- 能运用空间曲线设计方法,正确创建空间曲线。
- 依据创建的空间曲线,能正确构建曲面模型。
- 依据工作任务要求,能运用编辑方法,修改简单曲面模型。

项目认知　三维曲面知识

三维曲面是创建各种复杂零件特征的基础,在整个建模过程中占据重要地位,是三维造型技术的重要组成。

1. 曲面工作界面

单击"新建"按钮 或单击菜单栏中的"文件"→"新建",在弹出的"新建文件"窗口中选择类型为"零件",在"唯一名称"栏输入草绘图名称,如"零件 001. Z3"(或接受系统默认的文件名),单击"确认"按钮,系统进入曲面工作界面,如图 5-2 所示。

图 5-2　曲面工作界面

2. 与曲面有关的工具栏

(1)基础面工具栏

基础面工具栏如图 5-3 所示,主要用来创建各类曲面特征。

直纹曲面

图 5-3　基础面工具栏

(2)编辑面工具栏

编辑面工具栏如图 5-4 所示,该栏中将曲面编辑的各种调整命令以图标按钮的形式给出,与之对应的曲面编辑补充命令也可在相应下拉列表中找到。

(3)曲面编辑相关工具栏

曲面编辑相关工具栏如图 5-5 所示,在曲面建模过程中,在完成复制曲面特征、对称曲面特征及新建基准面等操作时,需要用到曲面编辑功能。

图 5-4　编辑面工具栏

UV 曲面　　N 边形面

FEM 曲面　圆顶曲面

图 5-5　曲面编辑相关工具栏

任务一　衣钩的曲面设计

【学习目标】

（1）掌握修剪、删除、基准面、参考等编辑草图的方法。

（2）掌握 U/V 曲面的创建方法。

【实例描述】

某塑料制品厂将生产如图 5-6 所示衣钩，要求建立其三维数字化模型，二维草图的尺寸参照图 5-6。

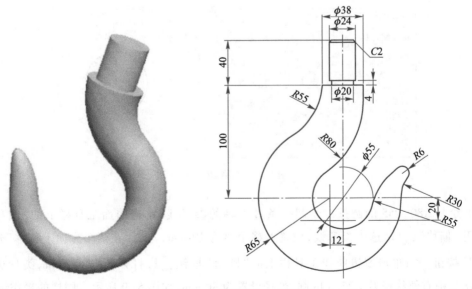

图 5-6　衣钩模型与二维草图

【实施步骤】

步骤1 加载零件。单击"新建"按钮⬜或单击菜单栏中的"文件"→"新建",在"新建文件"对话框中选择类型为"零件",输入文件名"衣钩",单击"确认"按钮。

步骤2 绘制草图。单击造型工具栏上的"草图"按钮,选择 XOY 基准面,进入草绘模式。

(1)绘制 R27.5 的圆 单击绘图工具栏上的"圆"按钮◯,在"圆"对话框中选择"圆心/半径"方式,在绘图区单击坐标原点,以该点作为圆心;"半径"设为 27.5 mm,单击"确定"按钮 ✔,完成 R27.5 圆的绘制,如图 5-7 所示。

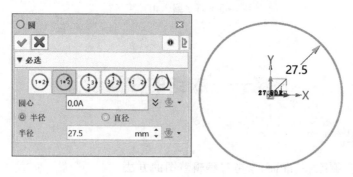

图 5-7 绘制 R27.5 圆

(2)绘制 R65 的圆 单击绘图工具栏上的"圆"按钮◯,在"圆"对话框中选择"圆心/半径"方式,将圆心坐标设置为"-12,0","半径"设为 65 mm,单击"确定"按钮 ✔,完成 R65 圆的绘制,如图 5-8 所示。

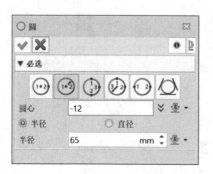
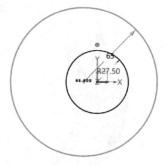

图 5-8 绘制 R65 圆

(3)绘制 R80、R55 的圆弧 绘制一条过 Y 轴的参考线,单击曲面工具栏上的"偏移"按钮🔧,打开"偏移"窗口,选中参考线,设置偏移距离为 19 mm,勾选"在两个方向上偏移"选项,单击"确定"按钮 ✔;单击编辑曲线工具栏上的"圆角"按钮◻,打开"圆角"窗口,类型选择"半径",依次选中右侧线段及 R27.5 的圆,半径设置为 80 mm,如图 5-9 所示。同样的操作绘制 R55 的圆弧。

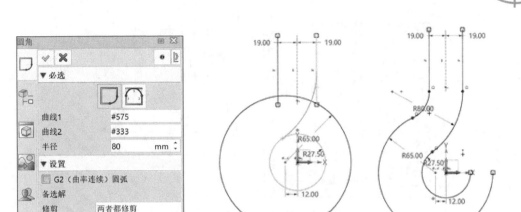

图 5-9　绘制 R80、R55 圆弧

（4）修剪草图　绘制一条过 X 轴的参考线，单击曲面工具栏上的"偏移"按钮，打开"偏移"窗口，选中参考线，设置偏移距离为 100 mm，单击"确定"按钮；单击编辑曲线工具栏上的"单击修剪"按钮，修剪多余的线段，如图 5-10 所示。

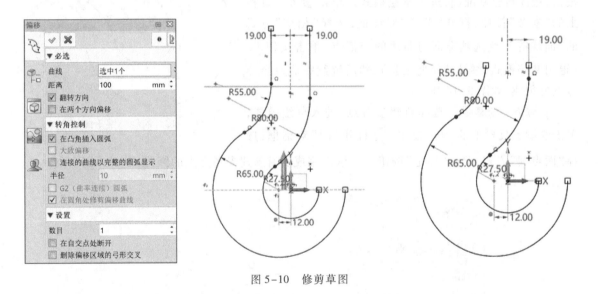

图 5-10　修剪草图

（5）绘制 R55、R30 和 R6 的圆弧　单击绘图工具栏上的"圆弧"按钮，打开"圆弧"窗口，选择"圆弧/半径"方式，分别创建圆弧，并与 R65 圆和 R27.5 圆相切，单击"确定"按钮，完成 R55、R30 和 R6 圆弧的绘制，如图 5-11 所示。

步骤 3　修剪草图。单击编辑曲线工具栏上的"划线修剪"按钮，参照图 5-6 的二维草图修剪多余线条，如图 5-12 所示，完成衣钩二维草图的创建。

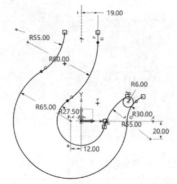

图 5-11 绘制 R55、R30 和 R6 圆弧

步骤 4 创建基准面。单击曲面工具栏上的"基准面"按钮,打开"基准面"对话框,选择"几何体"方式,点选草图曲线轮廓,单击按钮 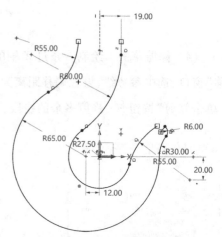,然后继续完成剩余曲线轮廓基准面的创建,如图 5-13 所示。

步骤 5 建立参考点。单击造型工具栏上的"草图"按钮,选择新建基准面,进入草绘模式。单击参考工具栏上的"参考"按钮,打开"参考"对话框,选择"相交"方式的"曲线链",点选基准面与曲线的交汇点,单击按钮 （退出暂停模式,继续使用此工具）,然后继续完成剩余参考点的创建,如图 5-14 所示。

步骤 6 创建圆。选择新建参考点,进入草绘模式,单击绘图工具栏上的"圆"按钮,打开"圆"对话框,选择"两点圆"方式,单击"确定"按钮,依次完成所有新建参考点上的圆,如图 5-15 所示。

图 5-12 衣钩二维草图创建

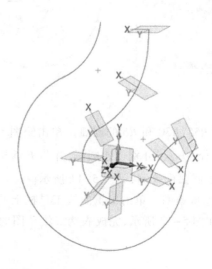

图 5-13 曲线轮廓基准面创建

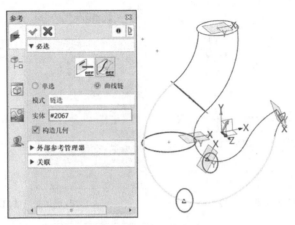

图 5-14　建立参考点

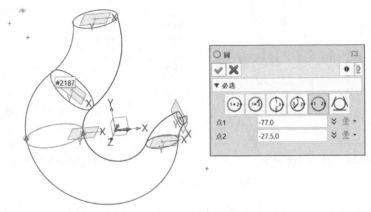

图 5-15　创建圆

步骤 7　**创建 U/V 曲面。**单击曲面工具栏上的"U/V 曲面"按钮,打开"U/V 曲面"对话框,选择"曲线段"方式,点选左侧曲线,如图 5-16a 所示,单击鼠标中键,选中第一条 U 曲线,如图 5-16b 所示;继续点选右侧曲线,如图 5-16c 所示,单击鼠标中键,选中第二条 U 曲线,如图 5-16d 所示;点选垂直方向圆,再单击鼠标中键,选中第一条 V 曲线;点选垂直方向第二个圆,再单击鼠标中键,选中第二条 V 曲线,如图 5-16e 所示,依次完成曲线圆柱轮廓绘制,如图 5-16f 所示,最后单击"确定"按钮 ✔。

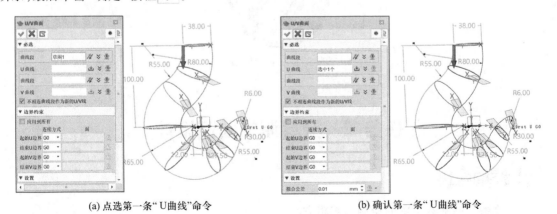

(a) 点选第一条"U曲线"命令　　　　　　　　　　　(b) 确认第一条"U曲线"命令

111

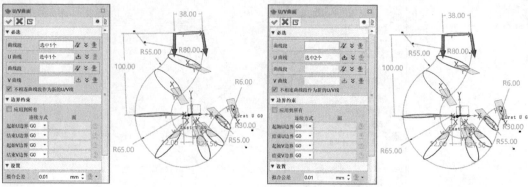

(c) 点选第二条"U曲线"命令　　　　　　　(d) 确认第二条"U曲线"命令

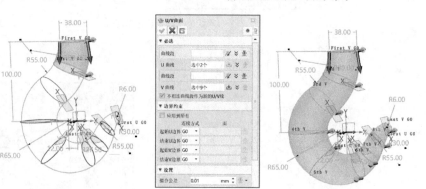

(e) 点选第二条"V曲线"命令　　　　　　(f) 依次点选第N条"V曲线"命令

图 5-16　创建 U/V 曲面

步骤 8　完成模型创建。根据二维草图基本要求,在衣钩头部建立 R6 的半球,在衣钩尾部建立简易圆柱体,此处省略绘制流程,衣钩模型如图 5-17 所示,保存文件。

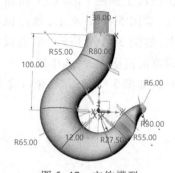

图 5-17　衣钩模型

任务二　塑料瓶的曲面设计

【学习目标】

(1) 熟练掌握基本草图的绘制与编辑方法。

（2）能依据曲面设计要求创建基准面。

（3）能使用填充缝隙命令。

【实例描述】

某塑料制品厂将生产如图 5-18 所示塑料瓶，要求建立其三维数字化模型。

【实施步骤】

步骤 1　加载零件。 单击"新建"按钮 或单击菜单栏中的"文件"→
"新建"，在"新建文件"对话框中选择类型为"零件"，输入文件名"塑料瓶"，
单击"确认"按钮，进入建模界面。

步骤 2　绘制草图。 单击造型工具栏上的"草图"按钮选择 XOZ 基准
面，进入草绘模式。

（1）绘制椭圆　单击绘图工具栏上的"椭圆"按钮，打开"椭圆"对话框，
选择"中心"方式，然后在绘图区绘制与坐标原点同心、长半轴为 25 mm、短
半轴为 12.5 mm 的椭圆，单击"确定"按钮 ，完成椭圆的绘制，如图 5-19
所示。

图 5-18　塑料瓶

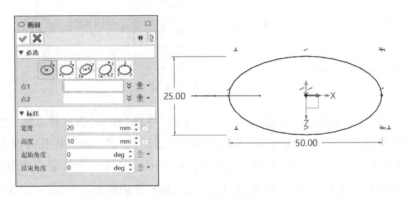

图 5-19　绘制椭圆

（2）绘制 R15 的圆　新建基准面，距 XOZ 基准面 150 mm，单击造型工具栏上的"草图"按
钮，选择新建基准面，进入草绘模式。单击绘图工具栏上的"圆"按钮 ，打开"圆"对话框，选择
"圆心/半径"方式，在绘图区单击坐标原点，以该点作为圆心；半径设为 15 mm，单击"确定"按钮
，完成 R15 圆的绘制，如图 5-20 所示。

（3）绘制 XOY 面样条曲线　单击造型工具栏上的"草图"按钮，选择 XOY 基准面，进入草绘
模式。选择"样条曲线"按钮，打开"样条曲线"对话框，选择"通过点"方式。设置样条曲线范围，
竖直高度为 150 mm，上端水平长度为 15 mm，下端水平长度为 25 mm，单击"确定"按钮 ，右侧
样条曲线重复操作，如图 5-21 所示。

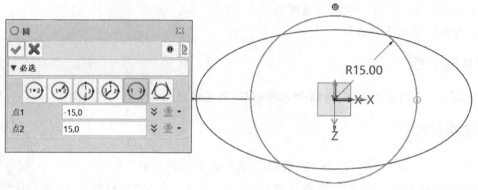

图 5-20　绘制 *R*15 圆

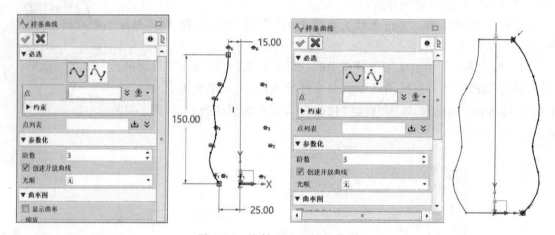

图 5-21　绘制 *XOY* 面样条曲线

（4）绘制 *YOZ* 面样条曲线　单击造型工具栏上的"草图"按钮，选择基准面，进入草绘模式。选择"样条曲线"按钮，打开"样条曲线"对话框，选择"通过点"方式。设置样条曲线范围，竖直高度为 150 mm，上端水平长度为 15 mm，下端水平长度为 25 mm，中间三处关键点坐标为（-30,45）、（-25,105）、（-28,135），完成后单击"确定"按钮 ✔，右侧样条曲线重复操作，如图 5-22 所示。

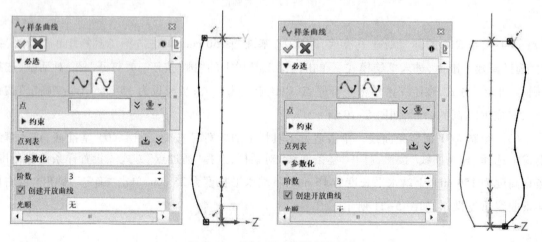

图 5-22　绘制 *YOZ* 面样条曲线

步骤3　创建 U/V 曲面。单击曲面工具栏上的"U/V 曲面"按钮,打开"U/V 曲面"对话框,选择"曲线段"方式,在 U 曲线段中,分别点选四条曲线,依次单击鼠标中键;在 V 曲线段中,先后点选椭圆和圆,再单击鼠标中键,依次完成曲线圆柱轮廓,最后单击"确定"按钮 ✔,如图 5-23 所示。

步骤4　填充塑料瓶端部。单击修复工具栏上的"填充缝隙"按钮,打开"填充缝隙"对话框,点选上下两段曲线轮廓,单击"确定"按钮 ✔,继续完成上端口部拉伸建模,此处省略建模流程,填充塑料瓶端部如图 5-24 所示。

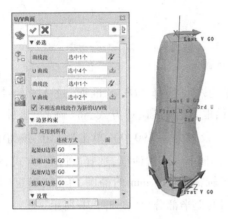

图 5-23　创建 U/V 曲面

图 5-24　填充塑料瓶端部

任务三　方向盘的曲面设计

【学习目标】

(1)熟练掌握基本草图的绘制与编辑方法,以及新建基准面的方法。
(2)能使用曲线合并、修整、缝合等命令。

【实例描述】

某汽车厂将生产如图 5-25 所示汽车方向盘,要求建立其三维数字化模型。

【实施步骤】

步骤1　加载零件。单击系统工具栏上的"新建新对象"按钮,或在主菜单中选择"文件→新建"。在"新建"对话框中选择类型为"零件",输入文件名"方向盘",单击"确定"按钮,进入建模界面。

步骤2　绘制 R175 的圆弧。单击造型工具栏上的"草图"按钮,选择 XOZ 基准面,进入草绘模式。单击绘图工具栏上的"圆"按钮 ○,打开"圆"对话框,选择"圆心/半径"方式,在绘图区单击坐标原点为圆心,"半径"设为 175 mm,单击

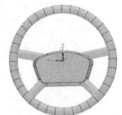

图 5-25　汽车方向盘

"确定"按钮 ，完成 R175 圆的绘制，并使用草图修剪工具，将 R175 的圆断开，如图 5-26 所示。

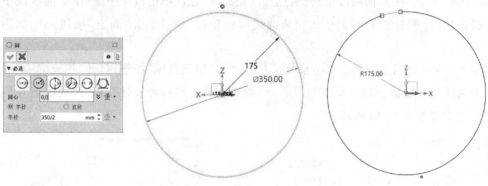

图 5-26　绘制 R175 圆弧

步骤 3　绘制曲线。单击造型工具栏上的"草图"按钮，选择 XOY 基准面，进入草绘模式。单击绘图工具栏上的"圆弧"按钮 ，打开"圆弧"对话框，选择"圆心"方式，将"圆心"坐标设置为(-175,0)，"点 1"坐标设置为(-160,0)，"点 2"坐标设置为(-190,0)，单击"确定"按钮 ，如图 5-27a 所示；单击绘图工具栏上的"椭圆"按钮，打开"椭圆"对话框，选择"半径"方式，然后在绘图区绘制与中间圆弧同心，长半轴为 15 mm，短半轴为 13.13 mm 的椭圆，单击"确定"按钮 ，完成椭圆的绘制，并使用草图修剪工具，修剪椭圆的上半部分，如图 5-27b 所示。

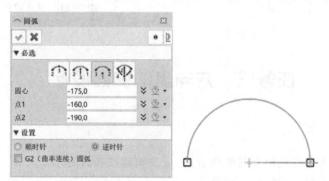

(a) 绘制圆弧

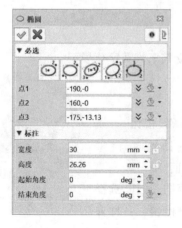

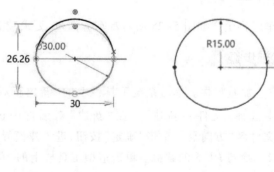

(b) 绘制椭圆

图 5-27　绘制曲线

步骤4 创建DTM1基准面。单击鼠标右键,插入基准面,打开"基准面"对话框,选择"与平面成角度"方式,分别选择 XOY 面为基准面,Y 轴为基准轴,角度设置为10°,单击"确定"按钮，完成基准面DTM1的创建,如图5-28所示。

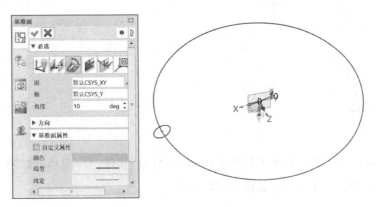

图5-28 创建DTM1基准面

步骤5 绘制圆弧。单击造型工具栏上的"草图"按钮,选择新建基准面,进入草绘模式。单击绘图工具栏上的"圆弧"按钮，打开"圆弧"对话框,选择"圆心"方式,将"圆心"坐标设置为(-175,0),"点1"坐标设置为(-160,0),"点2"坐标设置为(-190,0),单击"确定"按钮，如图5-29所示。

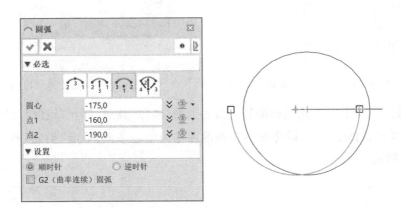

图5-29 绘制圆弧

步骤6 绘制曲线。单击绘图工具栏上的"椭圆"按钮,打开"椭圆"对话框,选择"半径"方式,然后在绘图区绘制与中间圆弧同心,长半轴为15 mm,短半轴为9.13 mm的椭圆,单击"确定"按钮，完成椭圆的绘制,并使用草图修剪工具,修剪椭圆的下半部分,如图5-30所示。

步骤7 创建U/V曲面。单击曲面工具栏上的"U/V曲面"按钮,打开"U/V曲面"对话框,选择"曲线段"方式,在U曲线段中,分别点选各条曲线,再单击鼠标中键;在V曲线段中,先后点选椭圆和圆,再单击鼠标中键,依次完成曲面轮廓创建,最后单击"确定"按钮，如图5-31所示。

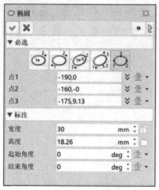
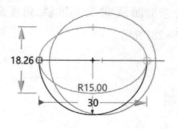
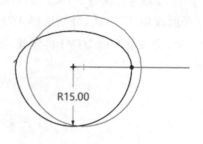

图 5-30　绘制曲线

步骤 8　填充平面。 单击修复工具栏上的"填充缝隙"按钮,打开"填充缝隙"对话框,点选两段曲线轮廓,单击"确定"按钮 ✓ ,如图 5-32 所示。

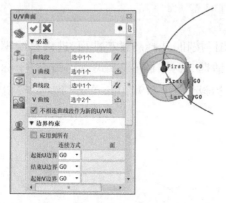

图 5-31　创建 U/V 曲面　　　　　　　　　图 5-32　填充轮廓缝隙

步骤 9　镜像几何体。 单击基础编辑工具栏上的"镜像"按钮,打开"镜像几何体"对话框,选择轮廓实体后单击鼠标中键,然后选择新建基准面作为中心平面,单击"确定"按钮 ✓ ,完成镜像,如图 5-33 所示。

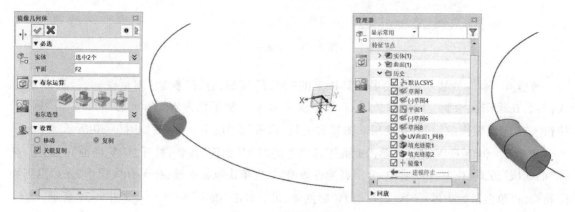

图 5-33　镜像几何体

步骤 10　阵列几何体。单击造型工具栏上的"阵列几何体"按钮,打开"阵列几何体"对话框,选择轮廓实体后单击鼠标中键,然后选择 Y 轴作为中心轴线,单击"确定"按钮 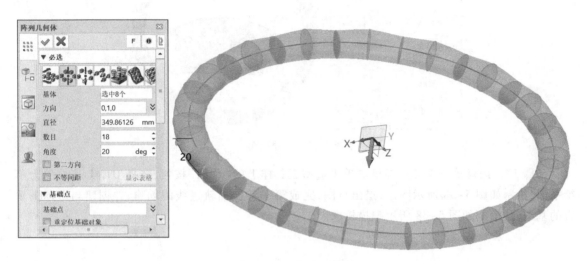,如图 5-34 所示。

图 5-34　阵列几何体

步骤 11　创建拉伸特征。单击"草图"按钮,选择 XOZ 基准面进行草图绘制,参考图 5-35 绘制草图轮廓,并选中该草图轮廓进行拉伸,拉伸类型为"1 边",高度为 25 mm,如图 5-36 所示。

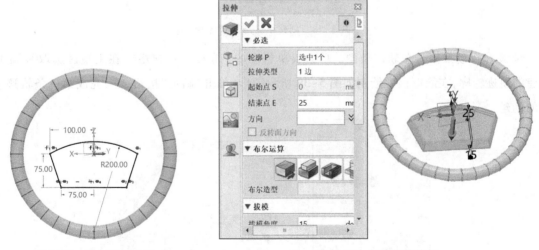

图 5-35　绘制草图轮廓　　　　　　　　图 5-36　创建拉伸特征

步骤 12　创建圆角。单击造型工具栏上的"圆角"按钮,打开"圆角"对话框,将圆角半径设置为 25 mm,然后按住"CTRL"键,依次单击如图 5-37 所示的四条侧边。单击"确定"按钮 ,完成圆角的创建。

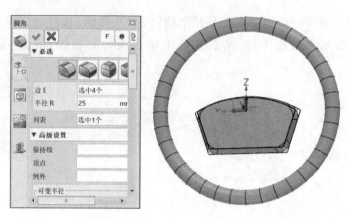

图 5-37　创建圆角

步骤 13　创建第一条轨迹轮廓。单击造型工具样上的"草图"按钮,选择 DTM1 基准面为草绘平面,绘制如图 5-38 所示图形,退出草图,完成第一条扫描轨迹线的创建,并创建与 DTM1 垂直的基准面,绘制如图 5-38 所示扫描轮廓。

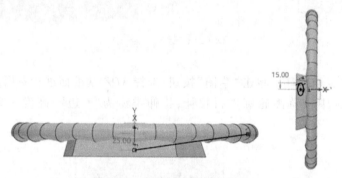

图 5-38　创建第一条轨迹轮廓

步骤 14　创建第一条轨迹模型。单击菜单栏中的"插入"→"扫略",在主视区选取步骤 13 创建的轨迹轮廓,在绘图区中绘制如图 5-39 所示图形,单击"确定"按钮 ✔,完成第一条轨迹模型的创建。

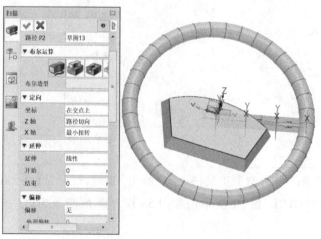

图 5-39　创建第一条轨迹模型

步骤15　创建第二条轨迹轮廓。创建基准面 DTM2,以 Y 轴为基准轴,与 XOY 基准面成45°。单击造型工具栏上的"草图"按钮,选择 DTM2 基准面为草绘平面,绘制如图 5-40 所示图形,退出草图,完成第二条扫描轨迹线的创建,并创建与 DTM2 垂直的基准面,绘制如图 5-40 所示扫描轮廓。

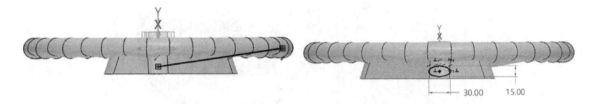

图 5-40　创建第二条轨迹轮廓

步骤16　创建第二条轨迹模型。单击菜单栏中的"造型"→"扫掠",在绘图区选取步骤15创建的轨迹轮廓,在绘图区中绘制如图 5-41 所示图形,单击"确定"按钮 ✅ ,完成第二条轨迹模型的创建。

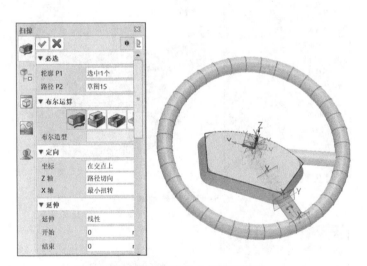

图 5-41　创建第二条轨迹模型

步骤17　镜像轮廓实体。单击造型工具栏上的"镜像几何体"按钮,打开"镜像几何体"对话框,选择两条轨迹模型后单击鼠标中键,然后选择 YOZ 面作为中心平面,单击"确定"按钮 ✅ ,完成镜像,如图 5-42 所示。

步骤18　创建圆角。单击造型工具栏上的"圆角"按钮,打开"修改圆角"对话框,圆角半径设置为 10 mm,然后按住"CTRL"键,依次单击如图 5-43 所示的多条侧边,最后单击"确定"按钮 ✅ ,完成圆角的创建。

步骤19　合并实体。单击曲面工具栏上的"添加实体"按钮,打开"添加实体"对话框,点选需要合并的实体,如图 5-44 所示。

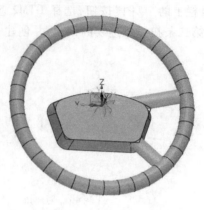

图 5-42　镜像轮廓实体

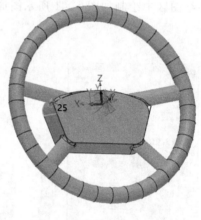

图 5-43　创建圆角

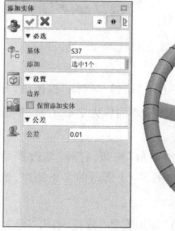
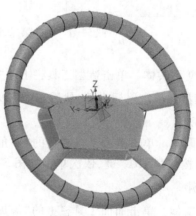

图 5-44　合并实体

任务四　汤勺的曲面设计

【学习目标】

（1）掌握修剪、删除、基准面、参考等编辑草图的方法。

（2）掌握曲面拉伸、投影的创建方法。

【实例描述】

某不锈钢制品厂将生产如图 5-45 所示的汤勺，要求建立其三维数字化模型。

图 5-45　汤勺

【实施步骤】

步骤 1　加载零件。单击"新建"按钮，在"新建文件"对话框中选择类型为"零件"，输入文件名"汤勺"，单击"确认"按钮。

步骤 2　绘制中心线。单击造型工具栏上的"草图"按钮，选择 *XOY* 基准面，进入草绘模式，单击绘图工具栏上的"直线"和"圆弧"按钮，建立三条线段，并创建直线与曲线之间的相切关系，如图 5-46 所示。

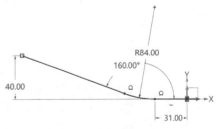

图 5-46　绘制中心线

步骤 3　创建拉伸曲面。单击造型工具栏上的"拉伸"按钮，打开"拉伸"对话框，选择"对称"拉伸类型，拉伸范围为 50 mm，如图 5-47 所示。

步骤 4　创建新草图。新建基准面，距 *YOZ* 基准面 50 mm，如图 5-48a 所示。单击造型工具栏上的"草图"按钮，选择新建基准面，进入草绘模式，完成基准面上的草绘，如图 5-48b 所示。

步骤 5　草图投影。在菜单栏中单击"线框"按钮，打开"投影到面"对话框，选择新建基准面里的曲线，再点选拉伸曲面，单击"确定"按钮，如图 5-49 所示，将新建基准面上的草图轮廓投影到曲面中。

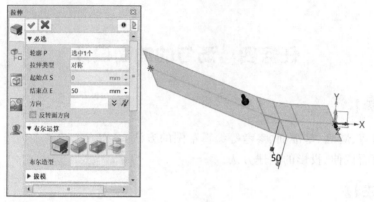

图 5-47 创建拉伸曲面

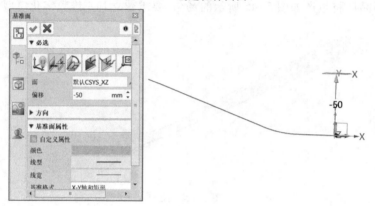

(a) 创建基准面

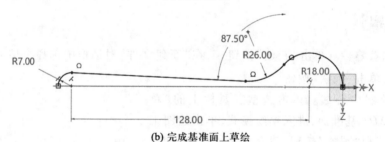

(b) 完成基准面上草绘

图 5-48 创建新草图

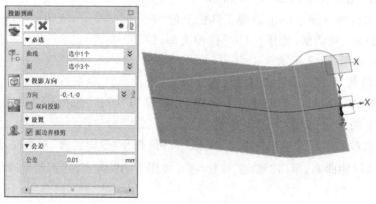

图 5-49 草图投影

步骤6 **创建曲线草图。**单击造型工具栏上的"草图"按钮,选择 *XOY* 基准面,进入草绘模式,绘制一条线段和曲线,并建立相切关系,单击"确定"按钮 ,如图 5-50所示。

图 5-50 创建曲线草图

步骤7 **完成草图镜像。**单击基础编辑工具栏上的"镜像几何体"按钮,打开"镜像几何体"对话框,选择轮廓线后单击鼠标中键,然后选择 *XOY* 面作为中心平面,单击"确定"按钮 ✅,完成草图镜像,如图 5-51所示。

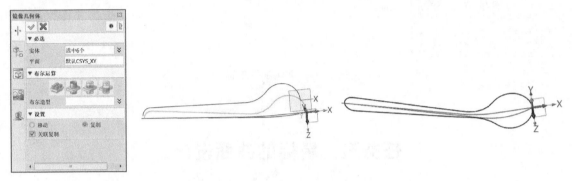

图 5-51 草图镜像完成

步骤8 **创建参考草图。**单击造型工具栏上的"基准面"按钮,打开"基准面"对话框,选择"几何体"方式,点选草图中间曲线,创建多组垂直于曲线轮廓的基准面。单击造型工具栏上的"草图"按钮,选择新建基准面,进入草绘模式,单击参考工具栏上的"参考"按钮,选择"相交/曲线链"方式,点选基准面与曲线的交会点。最后,选择新建基准面,进入草绘模式,单击绘图工具栏上的"圆弧"按钮,打开"圆弧"对话框,选择"两点圆弧"方式,选择每组交会点,单击"确定"按钮 ✅,依次完成所有新建基准面上的圆弧,如图 5-52所示。

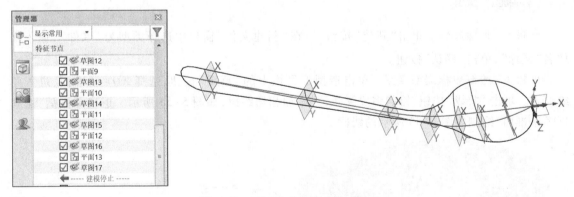

图 5-52 通过参考点创建曲面圆弧

步骤9 **创建汤匙曲面。**单击曲面工具栏上的"U/V 曲面"按钮,打开"U/V 曲面"对话框,选择"曲线段"方式,在 U 曲线段中,分别点选 8 条曲线,然后单击鼠标中键;在 V 曲线段中,先后点选两侧曲线,再单击鼠标中键,依次完成曲面轮廓,最后单击"确定"按钮 ✅,如图 5-53所示。

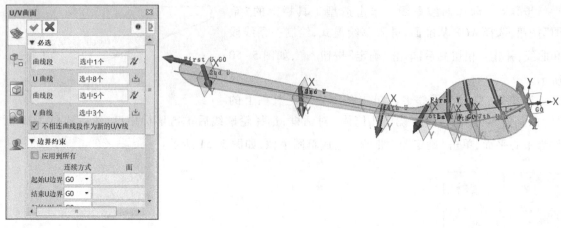

图 5-53　创建汤勺曲面

任务五　鼠标的曲面设计

【学习目标】

（1）掌握修剪、删除、基准面、参考等编辑草图的方法。
（2）会使用曲面放样、合并、修剪与填充等功能。

【实例描述】

某数码产品厂将生产如图 5-54 所示的鼠标，要求建立其三维数字化模型。

【实施步骤】

步骤 1　加载零件。单击"新建"按钮，在"新建文件"窗口中选择类型为"零件"，输入文件名"鼠标"，单击"确认"按钮。

步骤 2　绘制鼠标端部草图。单击造型工具栏上的"草图"按钮，选择 *XOY* 基准面，进入草绘模式。单击"曲线"按钮，绘制多段圆弧，并添加相切约束，如图 5-55 所示。退出草图后，选择 *YOZ* 基准面，绘制如图 5-55 所示的线段。

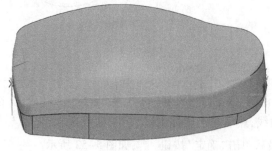

图 5-54　鼠标

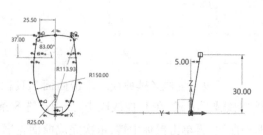

图 5-55　绘制鼠标端部草图

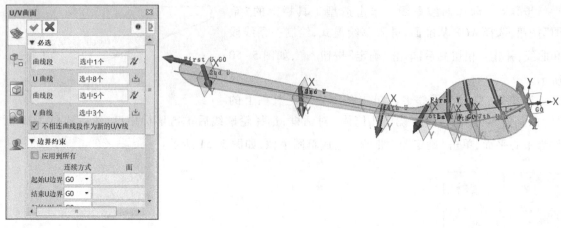

步骤3 创建曲线。单击"基础造型"按钮,打开"驱动曲线放样"对话框,"驱动曲线 C"选择曲线草图,"轮廓"选择引导线段,单击"确定"按钮 ✔,完成曲面创建,如图 5-56 所示。

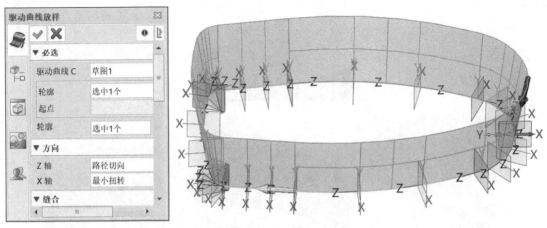

图 5-56 创建曲面

步骤4 绘制新草图。单击造型工具栏上的"草图"按钮,选择 *YOZ* 基准面,进入草绘模式。单击"曲线"按钮,绘制多段圆弧,并添加相切约束,如图 5-57 所示。退出草图后,选择下半部分的三段曲线进行拉伸,结果如图 5-57 所示。

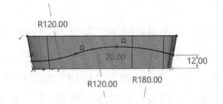

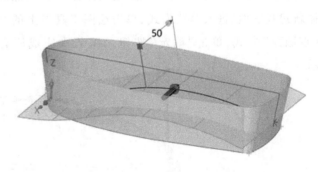

图 5-57 绘制新草图

步骤5 修剪曲面轮廓。单击曲面工具栏上的"曲面修剪"按钮,打开"曲面修剪"对话框,点选需要剪切的曲面,完成曲面轮廓修剪,如图 5-58 所示。

步骤6 放样曲线。单击造型工具栏上的"草图"按

图 5-58 修剪曲面轮廓

钮,选择 *YOZ* 基准面,进入草绘模式,并绘制如图 5-59 所示草图线段。退出草图后,单击"基础造型"按钮,打开"驱动曲线放样"对话框,"轮廓"选择曲线草图,单击"确定"按钮 ✔,如图 5-59 所示。

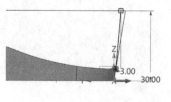

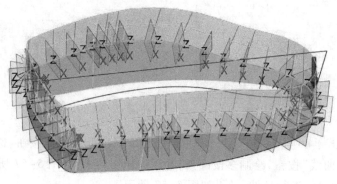

图 5-59　放样曲线

步骤 **7**　创建上表面曲线。单击造型工具栏上的"基准面"按钮,打开"基准面"对话框,选择"几何体"方式,点选中间草图曲线轮廓,如图 5-60 所示,单击按钮 ▣,然后继续完成剩余曲线轮廓基准面的创建。单击造型工具栏上的"草图"按钮,选择新建基准面,进入草绘模式,单击参考工具栏上的"参考"按钮,选择"相交"方式的"曲线链",点选基准面与曲线的交会点,单击按钮 ▣(退出暂停模式,继续使用此工具),然后继续完成剩余交会点的创建。最后,选择新建基准面,进入草绘模式,单击绘图工具栏上的"圆弧"按钮,打开"圆弧"对话框,选择"两点圆弧"方式,单击"确定"按钮 ✔,依次完成所有新建基准面上的圆,结果如图 5-60 所示。

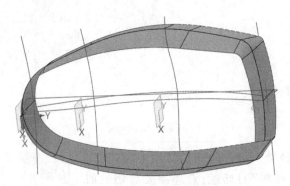

图 5-60　创建上表面曲线

步骤 **8**　放样上表面轮廓。单击"基础造型"按钮,打开"驱动曲线放样"对话框,"轮廓"选择曲线草图,进行放样,然后单击"确定"按钮 ![勾], 结果如图 5-61 所示。

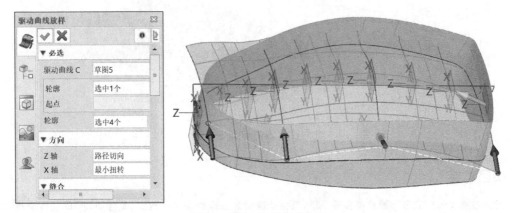

图 5-61　放样上表面轮廓

步骤 9　修剪上表面。单击曲面工具栏上的"曲面修剪"按钮,打开"曲面修剪"对话框,点选需要剪切的曲面,如图 5-62 所示,完成上表面修剪。

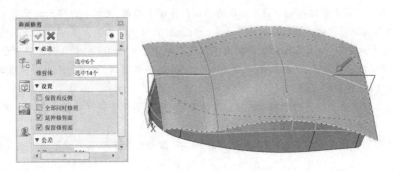

图 5-62　修剪上表面

步骤 10　合并鼠标曲面。单击曲面工具栏上的"合并面"按钮,打开"合并面"对话框,点选需要合并的曲面,结果如图 5-63 所示。

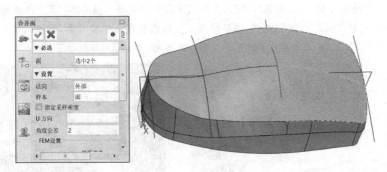

图 5-63　合并鼠标曲面

步骤 11　填充鼠标下端面。单击曲面工具栏上的"填充缝隙"按钮,打开"填充缝隙"对话框,点选需要填充的曲线,结果如图 5-64 所示。

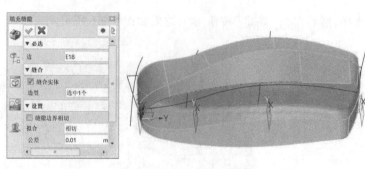

图 5-64　填充鼠标下端面

项目总结

　　三维造型是现代产品设计的重要实现手段,而曲面造型是三维造型中的难点,尽管中望 3D 软件提供了十分强大的曲面造型功能,但初学者对众多造型功能普遍感到无所适从,在造型思路上存在一些误区,使产品造型的正确性和可靠性大打折扣。针对上述情况,本项目从整体上讲述了曲面造型的一般学习方法,为在较短时间内达到学会使用造型的目标,特提出以下注意事项:

　　(1)应学习必要的基础知识,包括自由曲面的构造原理。这对于正确理解软件功能和造型思路十分重要,所谓"磨刀不误砍柴工",不能正确理解必然会给日后的造型工作留下隐患,使学习过程出现反复。

　　(2)要有针对性地学习软件功能。这包括两方面:一方面,学习功能切忌贪多,中望 3D 软件中的各种功能复杂多样,初学者往往陷入其中,其实工作中经常使用的只占其中很小一部分,完全没有必要求全。对于一些难得一用的功能,即使学了也容易忘记,徒然浪费时间。另一方面,对于必要的、常用的功能应重点学习,真正领会其基本原理和应用方法,做到融会贯通。

　　(3)重点学习造型基本思路。造型技术的核心是造型思路,而不在于软件功能本身。良好的造型思路会减少设计时间,提高工作效率。

　　(4)应培养严谨的工作作风。切忌在造型学习和工作中"跟着感觉走",要一丝不苟地完成基本任务。

【技术创新】

　　在中华民族伟大复兴的征程上,涌现了各类伟大的科技成就。2017 年 5 月 5 日,我国自主研制的 C919 大型客机成功首飞;2020 年 1 月 11 日通过中国国家验收工作,500 米口径球面射电望远镜正式开放运行,反射面相当于 30 个足球场的射电望远镜,灵敏度达到世界第二大望远镜的 2.5 倍以上,大幅拓展人类的视野;2022 年 6 月 17 日,我国首艘弹射型航空母舰下水,命名"中国人民解放军海军福建舰",舷号为"18",采用平直通长飞行甲板,配置电磁弹射和阻拦装置;2022 年 7 月 24 日,搭载问天实验舱的长征五号载火箭,在我国文昌航天发射场点火发射,并取得圆满成功,问天实验舱是中国空间站首个科学实验舱,如图 5-65 所示。

(a) 福建舰

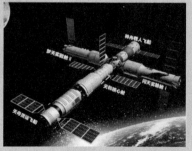
(b) 问天实验舱

图 5-65　曲面造型在我国工业领域的应用

这些科技设备的机身、舰身、主体等关键零部件是数字化设计与制造技术的成果,其重要表面都涉及曲面造型,关键曲面位置有利于望远镜吸收、反射各类信号,机身曲面流线型的设计基于空气动力学模型,能够减少物体在高速运动时的风阻。中望 3D 软件所提供的曲面拼接、顺滑、合并等功能,可以修复间隙,实现实体、曲面混合建模,复杂曲面与实体造型自由交互。随着科技的深入发展,曲面造型已广泛应用于航空航天、汽车、造船、模具、通用机械、电子等工业领域。

项目实战

【强化训练】

试创建如图 5-66 ～ 图 5-68 所示的草绘。

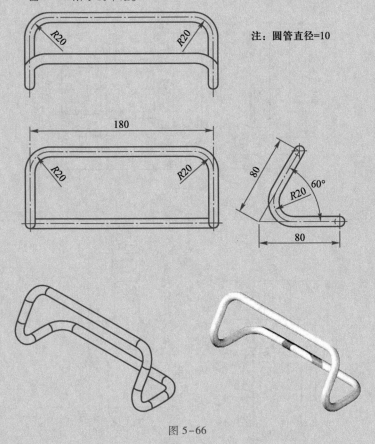

注：圆管直径=10

图 5-66

【企业案例】

某生产万向机构的企业提供了一张"主动节"的工程图样,要求使用中望 3D 软件,结合下列任务要求,绘制出零件的三维模型。

(1)零件的造型特征完整。

(2)零件的造型尺寸正确。

(3)使用专业渲染工具软件,对零件进行照片级渲染。

(4)建模文件以"主动节"命名,保存格式为源文件(即所用建模软件的默认格式)。

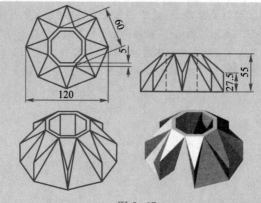

图 5-67

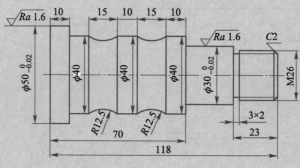

图 5-68

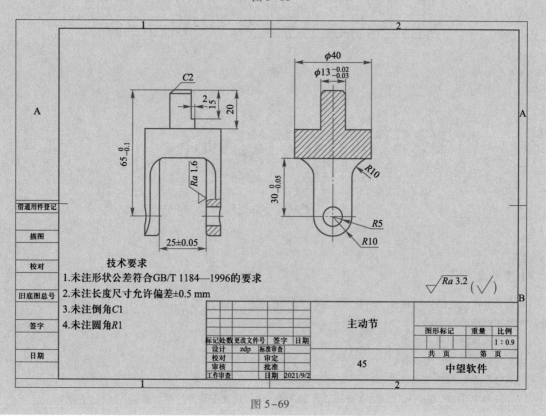

技术要求
1. 未注形状公差符合GB/T 1184—1996的要求
2. 未注长度尺寸允许偏差±0.5 mm
3. 未注倒角C1
4. 未注圆角R1

图 5-69

装配与装配动画

【学习指南】

　　装配体是由若干零件(组件)所组成的部件,它表达的是部件的工作原理和装配关系。装配功能是将部件的各个组件进行组装和定位操作的过程,通过装配操作,系统可以形成部件的总体结构,绘制装配图并检查组件间是否发生干涉等。中望 3D 软件的装配功能模块不仅能快速组合零件成为部件,还可以在计算机中进行虚拟运动仿真。

【思维导图】(图 6-1)

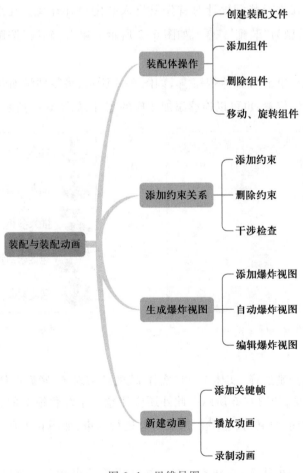

图 6-1　思维导图

 【X证书技能点】

- 分析机械部件的装配关系。
- 选择合适的装配约束。
- 检查各装配单元的约束状态和干涉情况。
- 能调用模型中的主要零部件。

项目认知 装配基础知识

装配设计模块是虚拟产品设计环节中的重要工具,通过组件的虚拟装配,不仅能够看到产品的整体组合效果,分析其设计是否合理,而且还能完成产品的运动仿真。在装配设计环境下还可以完成零件的设计,使零件设计与组件设计齐头并进,达到完美的设计效果。

1. 创建装配文件

与零件设计相似,在进行装配设计时首先要进入装配设计环境。在系统标题栏上单击"新建"按钮□,设置文件类型为"装配" ,如图6-2所示。单击"确认"按钮,进入装配设计环境。

2. 添加组件

在装配设计环境中,单击"插入"按钮 ,如图6-3所示,将零件添加到组件。选定要插入的零件,再确定零件放置的位置,也可以连续添加相应的零件,如图6-4所示。

图6-2 新建文件

图6-3 插入组件

3. 设置装配约束

单击"约束"选项,分别选择"实体1"和"实体2"的约束对象,观察零件上出现的矩形约束按钮,添加第一个约束类型,如图6-5所示。此外还应注意两个绿色箭头的方向,然后继续添加约束,单击"添加或修改当前约束"按钮 ,选取对象进行约束,如图6-6所示。

4. 查询约束状态

单击"查询"中的"约束状态"按钮 ,查询组件当前约束状态。窗口提供在激活装配中对所有组件的约束信息,并会在图形窗口中高亮显示,这些信息显示该组件是完全约束、缺少约束还是过度约束。如果一个组件缺少约束,DOF(自由度)数量以及组件可变换和旋转的方向都会一一列出来。

图6-4　添加零件

图6-5　编辑约束

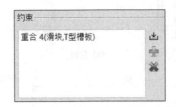

图6-6　添加约束

任务一　支架组件的装配与干涉检查

【学习目标】

(1)掌握中望3D软件中零件装配的一般思路和方法。

(2)掌握装配过程中的干涉检查和爆炸视图的创建。

【相关知识点】

约束命令是把所有的装配选项都放在同一个命令里,选择需要约束的形体元素,如面、边和顶点,随后会根据选定的约束类型,重置约束对象。所有的约束类型都列在约束工具栏中,包括重合、相切、同心、平行、垂直、角度、锁定、距离、置中、对称和坐标,如图6-7所示。

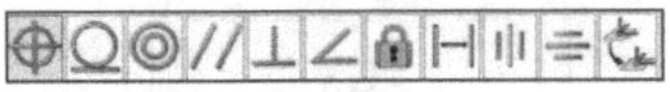

根据所选约束类型改变这些选项,比如约束面的方向可以

图6-7　约束工具栏

相对(相反),也可以相同(共面),每个面(圆柱面、圆锥面和平面)或边上用一个箭头来指示该几何形体的法向。当插入组件和已有组件发生碰撞的时候,可以选择停止、高亮或添加约束。

【实例描述】

如图 6-8 所示,根据支架组件各零件的尺寸绘制出三维模型,并完成零件的装配。

【实施步骤】

步骤 1　新建装配文件。在系统标题栏上单击"新建"按钮 ,在"新建文件"窗口中设置文件类型为"装配",输入文件名称,单击"确认"按钮 确认 ,进入装配设计环境。

支架组件
装配

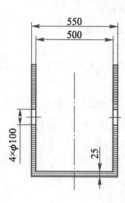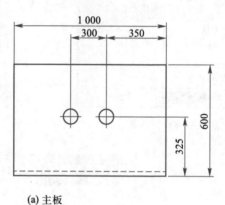

(a) 主板

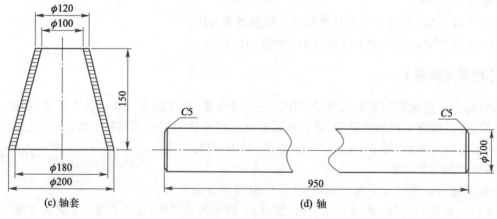

(b) 加强板

(c) 轴套　　　(d) 轴

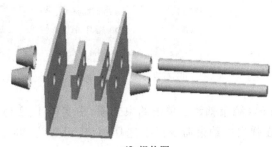

(e) 装配图　　　　　　　　　　　　　　　　(f) 爆炸图

图 6-8　支架组件

步骤 2　放置主板。单击"插入组件"按钮，在弹出的窗口中找到主板零件的存盘路径，双击打开该零件。在工作界面放置主板，单击"确定"按钮 ，弹出约束窗口后，勾选 ☑固定组件，确定后完成主板插入。

步骤 3　装配加强板。再次单击"插入组件"按钮，在弹出的窗口中找到加强板零件的存盘路径，双击打开该零件。在工作界面任意放置，单击"确定"按钮 ，进入约束界面，在实体 1、实体 2 选项框中分别选中主板与加强板的约束面，在弹出的约束命令框中选择重合选项后确认，完成加强板装配的第一个约束，如图 6-9 所示。

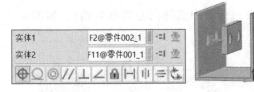

图 6-9　装配加强板第一个约束

单击"添加或修改当前约束"选项，在实体 1、实体 2 选项框中分别选中主板与加强板的圆柱孔，在弹出的约束命令框中选择同心选项后确认，重复此操作使其两组孔同心，完成加强板装配的第二个约束，如图 6-10 所示。同样地操作，完成与第一块加强板相对的另一侧加强板的装配。

图 6-10　装配加强板第二个约束

步骤 4　添加轴。在工作界面单击鼠标右键打开命令框，单击"插入组件"按钮，在弹出的窗口中找到轴零件的存盘路径，双击打开该零件任意放置。

步骤 5　约束轴线。单击约束选项，在实体 1、实体 2 选项框中分别选中主板的孔与轴的圆柱面，在弹出的约束命令框中选择同心选项后确认，如图 6-11 所示，完成这两条轴线的对齐约束。

图 6-11　约束轴线

步骤6　约束轴距。单击约束选项,在实体1、实体2选项框中分别选取轴的端面和主板的外侧面,在弹出的约束命令框中选择距离,设置为200,完成这两个表面的对齐约束,如图6-12所示。

图 6-12　约束轴距

重复步骤4~步骤6的操作,把轴装配到另一组孔中,完成主板与第二根轴的装配。

步骤7　添加轴套。在工作界面单击鼠标右键打开命令框,单击"插入组件"按钮 ,在弹出的窗口中找到轴套零件的存盘路径,双击打开该零件并任意放置。

步骤8　约束轴套与轴同心。单击约束选项,在实体1、实体2选项框中分别选取轴套的内侧面和轴的端面,在弹出的约束命令框中选择同心选项后确认,如图6-13所示,完成轴套与轴的同心约束。

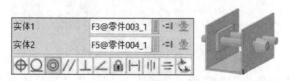

图 6-13　约束轴套与轴同心

步骤9　约束轴套端面距离。再次单击约束选项,在实体1、实体2选项框中分别选取轴套的内侧面和主板的外侧面,如图6-14所示,设置这两个表面的偏移距离为0,确认后完成这两个表面的对齐约束。

图 6-14　约束轴套端面距离

重复步骤7~步骤9的操作,完成另外三个轴套的装配,得到支架装配图,如图6-15所示。

步骤10　检查约束状态。单击"查询"中的"约束状态"按钮 ,查看颜色代码的图形,以帮助分析结果,如图6-16所示,可以看到,除了主板固定、加强板有明确约束外,其他组件均为蓝色,即缺少约束。

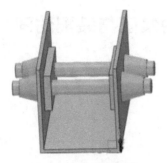

图 6-15 支架装配图

图 6-16 检查约束状态

步骤 11 干涉检查。单击菜单栏"查询"中的"干涉检查"按钮 ![icon],"组件"选择整个装配体,直接单击选项下的"检查",其结果如图 6-17 所示。观察装配中是否有标记为红色的部分,如果没有就表示装配部件之间没有干涉。

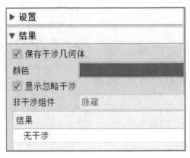

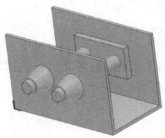

图 6-17 干涉检查结果

步骤 12 设计爆炸图。单击菜单栏中的"爆炸视图"按钮 ![icon],选择"自动爆炸" ![icon],选中装配体,设置距离值为 5,单击"预览"按钮,将装配体分解,得到支架爆炸图,如图 6-18 所示。

支架组件
装配动画

图 6-18 支架爆炸图

步骤 13 保存文件并退出装配环境。

任务二　曲柄滑块机构的装配与装配动画

【学习目标】

（1）掌握装配过程中的各种约束关系及其含义。
（2）掌握装配动画中关键帧的制作和输出方法。

【相关知识点】

在创建装配特征时,通过勾选新增的"组件继承该特征"选项,传递特征到组件,装配特征可以被同步传递到装配组件对应的零件/子装配中,如图6-19所示。

在装配中添加装配"孔"特征,如图6-20所示。装配中的"孔"特征可通过勾选"传递特征到组件"选项,在组件对应零件/子装配中添加孔特征。但是通过传递生成的特征节点无法在零件/子装配中单独重定义。

图6-19　"组件继承该特征"选项

【实例描述】

如图6-21所示,根据曲柄滑块机构各零件的尺寸绘制出的三维模型,完成零件的装配。

图6-20　传递特征到组件

【实施步骤】

步骤1　新建装配文件。在系统菜单栏上单击"新建"按钮，在"新建文件"窗口中设置文件类型为"装配",输入文件名称,单击"确认"按钮 确认 ,进入装配设计环境。

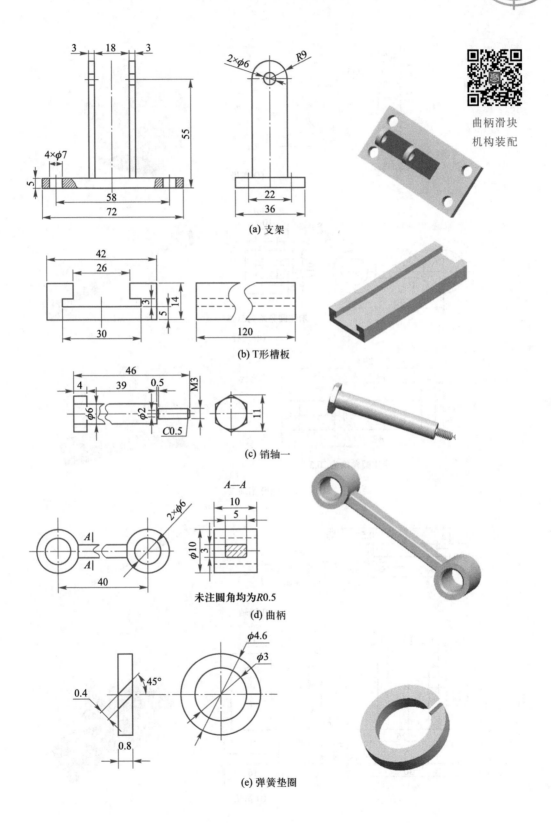

曲柄滑块
机构装配

(a) 支架

(b) T形槽板

(c) 销轴一

A—A

未注圆角均为R0.5

(d) 曲柄

(e) 弹簧垫圈

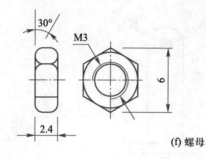

(f) 螺母

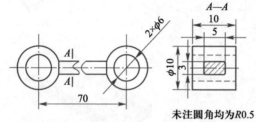

未注圆角均为R0.5

(g) 连杆

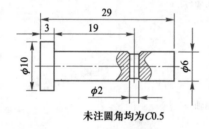

未注圆角均为C0.5

(h) 销轴二

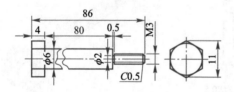

(i) 销轴三

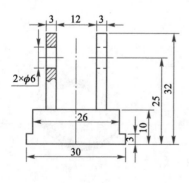

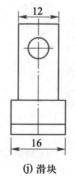

(j) 滑块

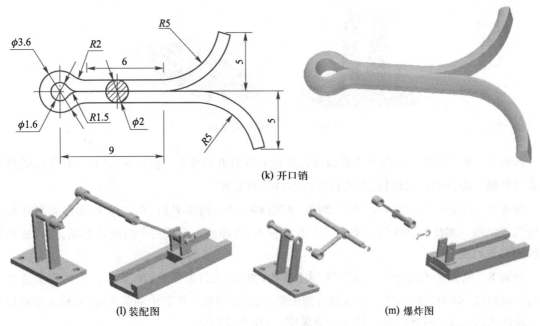

(k) 开口销

(l) 装配图　　　　　　　　　　　　(m) 爆炸图

图 6-21　曲柄滑块机构

步骤 2　放置支架。单击左上角的"插入"按钮 ，在弹出的窗口中找到支架零件的存盘路径，双击打开该零件。在工作界面，放置支架零件，单击"确定"按钮 ，弹出约束窗口后，勾选 ☑ 固定组件 ，确定后完成支架零件的插入。

步骤 3　添加 T 形槽板。再次单击插入，在弹出的窗口中找到 T 形槽板零件的存盘路径，双击打开该零件，在工作界面任意放置，单击"确定"按钮 ，进入约束界面，在实体 1、实体 2 复选框中分别选取 T 形槽板的一个侧面和支架零件的一个侧面，在弹出的约束命令框中选择距离约束，如图 6-22 所示。输入对齐的偏移值为 25，完成这两个平面的对齐约束。

图 6-22　约束 T 形槽板偏移距离

步骤 4　对齐 T 形槽板底面。再次单击"插入" 按钮，进入约束界面，在实体 1、实体 2 复选框中分别选取 T 形槽板底面和支架零件的底面，选择距离约束，输入偏移值为 0，完成这两个底面的对齐约束。

步骤 5　对齐 T 形槽板侧面。在实体 1、实体 2 复选框中分别选取 T 形槽板和支架相对的两个侧面，输入对齐的偏移值为 35，完成这两个平面的对齐约束。结果如图 6-23 所示，完成 T 形槽板的装配。

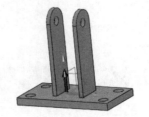
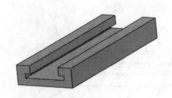

图 6-23　T 形槽板的装配

步骤 6　添加销轴一。在工作界面单击鼠标右键打开命令框,选择 插入组件,在弹出的窗口中找到销轴一零件的存盘路径,双击打开该零件任意放置。

步骤 7　销轴一同轴约束。单击"约束"按钮 ,进入约束界面,在实体 1、实体 2 复选框中分别选取销轴一零件的轴线和支架上一个孔的轴线,选择约束工具栏中的同心选项,完成这两条轴线的对齐约束。

步骤 8　销轴一距离约束。单击"约束"按钮 ,进入约束界面,在实体 1、实体 2 复选框中分别选取销轴一零件上的六角头侧面和支架的侧面,选择约束工具栏中的距离选项,输入偏移值为 0,完成这两侧面线的对齐约束。销轴一的装配,如图 6-24 所示。

步骤 9　添加曲柄。在工作界面单击鼠标右键打开命令框,选择 插入组件,在弹出的窗口中找到曲柄零件的存盘路径,双击打开该零件任意放置。

步骤 10　装配曲柄。由于曲柄零件应装配在销轴一上,可在轴上自由转动但不能有任何移动,故应采用"距离"装配中的"销钉"连接进行装配。

图 6-24　装配销轴一

进入约束界面,在实体 1、实体 2 复选框中分别选取曲柄零件的侧面和销轴一零件的侧面作为约束的参照,设置这两个面的偏移值为 0,如图 6-25 所示。

再次进入约束界面,在实体 1、实体 2 复选框中分别选取曲柄零件的轴线和销轴一零件的轴线,选择同心选项,完成这两条轴线的对齐约束。

图 6-25　装配曲柄

步骤 11　添加弹簧垫圈。在工作界面单击鼠标右键打开命令框,选择 插入组件,在弹出的窗口中找到弹簧垫圈零件的存盘路径,双击打开该零件任意放置。

步骤 12　弹簧垫圈轴线约束。进入约束界面,在实体 1、实体 2 复选框中分别选取弹簧垫圈零件的轴线和销轴一零件的轴线,完成这两条轴线的对齐约束,如图 6-26 所示。

步骤 13　弹簧垫圈距离约束。进入约束界面,在实体 1、实体 2 复选框中分别选取弹簧垫圈零件一个侧面和销轴一的侧面,输入匹配的偏移值为 0,完成弹簧垫圈的装配,如图 6-27 所示。

图 6-26 弹簧垫圈轴线约束　　　　　图 6-27 弹簧垫圈距离约束

步骤 14 **添加螺母**。在工作界面单击鼠标右键打开命令框,选择 🔧 |插入组件,在弹出的窗口中找到螺母零件的存盘路径,双击打开该零件任意放置。

步骤 15 **螺母轴线约束**。进入约束界面,在实体 1、实体 2 复选框中分别选取螺母零件的轴线和弹簧垫圈零件的轴线,完成这两条轴线的对齐约束,如图 6-28 所示。

步骤 16 **螺母距离约束**。进入约束界面,在实体 1、实体 2 复选框中分别选取螺母零件一个侧面和弹簧垫圈零件的侧面,输入匹配的偏移值为 0,完成螺母的装配,如图 6-29 所示。

图 6-28 螺母轴线约束　　　　　　图 6-29 螺母距离约束

步骤 17 **添加销轴三**。在工作界面单击鼠标右键打开命令框,选择 🔧 |插入组件,在弹出的窗口中找到销轴三零件的存盘路径,双击打开该零件任意放置。

步骤 18 **销轴三轴线约束**。进入约束界面,在实体 1、实体 2 复选框中分别选取销轴三零件的轴线和曲柄零件的孔轴线,完成这两条轴线的对齐约束,如图 6-30 所示。

步骤 19 **销轴三距离约束**。进入约束界面,在实体 1、实体 2 复选框中分别选取销轴三零件上六角头的侧面和曲柄零件的一个端面作为"距离"约束的参照,输入匹配的偏移值为 0,完成销轴三的装配,如图 6-31 所示。

步骤 20 **添加滑块**。在工作界面单击鼠标右键打开命令框,选择 🔧 |插入组件,在弹出的窗口中找到滑块零件的存盘路径,双击打开该零件任意放置。

步骤 21 **滑块约束**。进入约束界面,在实体 1、实体 2 复选框中分别选取滑块零件侧面的一条轮廓线和 T 形槽板的 T 形槽侧面,作为"重合"约束的参照,完成滑块零件约束如图 6-32 所示。

再次进入约束界面,在实体 1、实体 2 复选框中分别选取滑块零件底面和 T 形槽板的 T 形槽

底面,作为"距离"约束的参照,输入匹配的偏移值为 0,完成滑块装配,如图 6-33 所示。

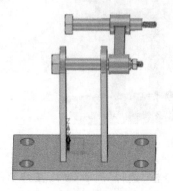

图 6-30 销轴三轴线约束

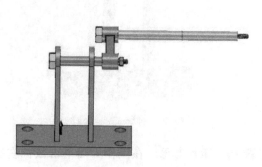

图 6-31 销轴三距离约束

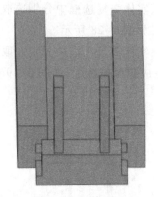

图 6-32 滑块约束

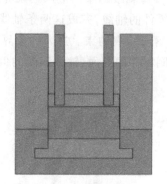

图 6-33 滑块装配

步骤 22 **添加销轴二**。在工作界面单击鼠标右键打开命令框,选择 🔧 插入组件,在弹出的窗口中找到销轴二零件的存盘路径,双击打开该零件任意放置。

步骤 23 **销轴二轴线约束**。进入约束界面,在实体 1、实体 2 复选框中分别选取销轴二零件的轴线和滑块上一个孔的轴线,完成这两条轴线的对齐约束,如图 6-34 所示。

步骤 24 **销轴二距离约束**。进入约束界面,在实体 1、实体 2 复选框中分别选取销轴二零件上的圆柱头侧面和滑块上一个支架的外侧面作为"距离"约束的参照,输入匹配的偏移值为 0,完成销轴二的装配,如图 6-35 所示。

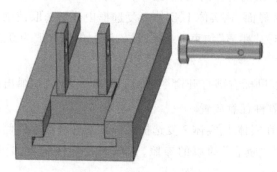

图 6-34 销轴二轴线约束

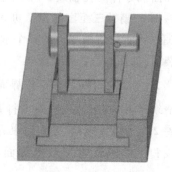

图 6-35 销轴二装配

步骤 25 添加开口销。在工作界面单击鼠标右键打开命令框,选择 ![图标]插入组件,在弹出的窗口中找到开口销零件的存盘路径,双击打开该零件任意放置。

步骤 26 开口销轴线约束。进入约束界面,在实体 1、实体 2 复选框中分别选取开口销零件圆柱体的侧面和销轴孔的内侧面作为"同心"约束的参照,完成这两条轴线的对齐约束,如图 6-36 所示。

步骤 27 开口销角度约束。进入约束界面,在实体 1、实体 2 复选框中分别选取开口销零件的右基准面和销轴的右基准面作为"角度"约束的参照,输入角度偏移值为 0,如图 6-37 所示,完成开口销的装配。

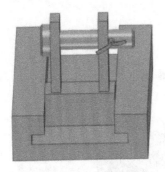 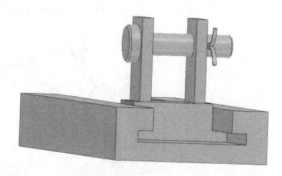

图 6-36 开口销轴线约束   图 6-37 开口销角度约束

步骤 28 添加连杆。在工作界面单击鼠标右键打开命令框,选择 ![图标]插入组件,在弹出的窗口中找到连杆零件的存盘路径,双击打开该零件任意放置。

步骤 29 连杆轴线约束。连杆零件应装配在销轴二上,且连杆和销轴二之间可以自由转动但不能有任何移动,现在进入约束界面,在实体 1、实体 2 复选框中分别选取连杆的一侧端面和销轴二的轴线作为"重合"参照,完成这两条轴线的对齐约束,如图 6-38 所示。

步骤 30 连杆位置约束。进入约束界面,在实体 1、实体 2 复选框中分别选取连杆零件的一侧端面和销轴二圆柱头的内侧面作为"距离"参照,设置这两个面的偏移值为 2,结果如图 6-39 所示。

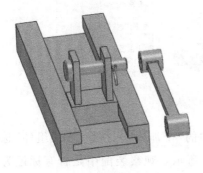 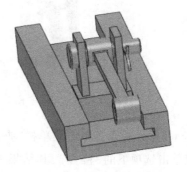

图 6-38 连杆轴线约束   图 6-39 连杆位置约束

步骤 31 连杆与销轴三约束。进入约束界面,在实体 1、实体 2 复选框中分别选取连杆另一孔的轴线和销轴三的轴线作为"重合"参照,完成这两条轴线的对齐约束,如图 6-40 所示,完成连杆的装配。

步骤 32　销轴三装配弹簧垫圈和螺母。参照步骤 11 ~ 步骤 16 装配弹簧垫圈和螺母,得到曲柄滑块机构的装配体,结果如图 6-41 所示。

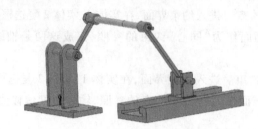

图 6-40　连杆与销轴三约束

图 6-41　曲柄滑块机构装配体

步骤 33　检查约束状态。单击菜单栏"查询"选项中的"约束状态"按钮 ,查看颜色代码的图形,以帮助分析结果,如图 6-42 所示,可以看到,除了主板固定、加强板有明确约束外,其他组件均为蓝色,即缺少约束。

图 6-42　检查约束状态

步骤 34　干涉检查。单击菜单栏"查询"选项中的"干涉检查"按钮 ,"组件"选择整个装配体,直接单击选项下的"检查",其结果如图 6-43 所示。观察装配中是否有标记为红色的部分,干涉几何体显示在结果中。

步骤 35　设计爆炸图。单击菜单栏中的"爆炸视图"按钮 ,选择"自动爆炸" ,选中装配体,设置距离值为 5,如图 6-44 所示,单击"预览"按钮,将装配体分解,得到曲柄滑块机构爆炸图,如图 6-45 所示。

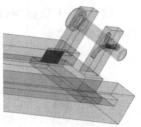

图 6-43　显示干涉结果

步骤 36　新建动画。单击"动画"选项卡中的"新建动画"按钮，在"新建动画"窗口中输入时间和动画名称，"时间"根据实际需要进行设定，这里设定为 10 s，"名称"采用默认的"动画 1"，如图 6-46 所示。单击"确定"按钮之后，在"管理器"窗口中可看到已激活的待编辑新动画，如图 6-47 所示。

步骤 37　关键帧 0:00。在图 6-47 所示的"管理器"窗口中可以看到当前时间是 0:00（处于激活状态），调整装配图的视角，作为当前关键帧 0:00，如图 6-48 所示。单击"基础编辑"中的"拖拽"按钮，"组件"选择曲柄，单击鼠标中键确定。

图 6-44　设置自动爆炸距离

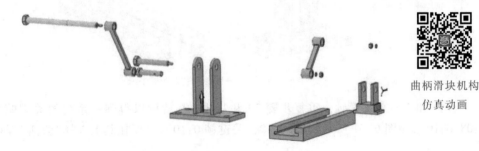

图 6-45　曲柄滑块机构爆炸图

曲柄滑块机构
仿真动画

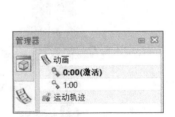

图 6-46　设置动画时间　　　　　图 6-47　激活新动画

步骤 38　关键帧 0:02。单击"动画"选项卡中的"关键帧"按钮，弹出关键帧"输入管理器"，将"时间（m:ss）"修改为"0:02"并确定。此时在动画管理器中可看到关键帧 0:02 已处于激活，装配体为待编辑的新动画状态，如图 6-49 所示。

步骤 39　新动画状态。切换到"装配"选项卡，单击"基础编辑"中的"拖拽"按钮，"组

件"选择曲柄,旋转到一个位置,单击鼠标中键确定,即为"目标点"位置。如图 6-50 所示,该位置就是关键帧 0:02 激活的新动画状态。

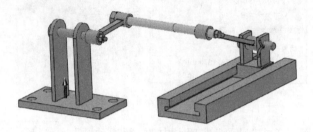

图 6-48 关键帧 0:00 动画状态

图 6-49 激活关键帧 0:02

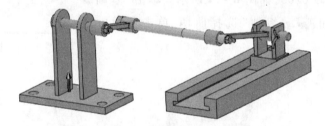

图 6-50 关键帧 0:02 动画状态

步骤 40 其他关键帧。重复步骤 39 和步骤 40,就可以得到一系列的关键帧(0:04、0:06、0:08、0:10),如图 6-51 所示。最后一帧"关键帧 0:10",只要在其上选择"激活"即可。

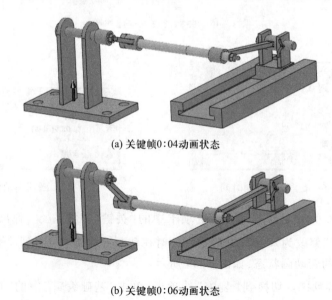

(a) 关键帧0:04动画状态

(b) 关键帧0:06动画状态

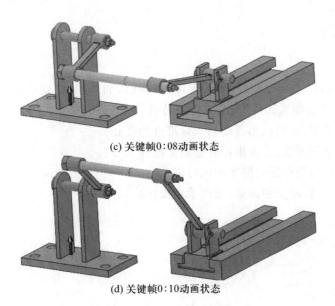

(c) 关键帧0:08动画状态

(d) 关键帧0:10动画状态

图6-51　一系列关键帧动画状态

步骤41　播放动画。选择"管理器"中的"播放动画"按钮,可以用于检验前面的动画设置,如图 6-52 所示。

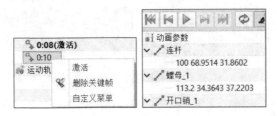

图 6-52　检验动画设置

步骤42　录制动画。单击动画选项卡中的"录制动画"按钮，在弹出的"选择文件…"中选择动画保存的位置和动画的保存格式,确定后,在动画保存的路径下就可以生成 AVI 格式的"动画 1. avi"。

步骤43　保存文件并退出装配环境。

任务三　行走轮的装配与装配动画

【学习目标】

(1) 能够检查组件对齐状态下的约束情况。

(2) 能够根据要求选择正确的方式制作动画并保存输出文件。

【相关知识点】

1. 智能紧固件

装配环境中,"组件"选项卡中的"智能紧固件"窗口,如图 6-53 所示。该命令可以有效提高插入标准件的效率。"智能紧固件"命令有以下特点:

① 可以基于种子面,自动找出需要插入标准件的孔;

② 基于孔的大小和深度,自动推荐合适的标准件型号;

③ 可以同时插入与螺钉配套的垫圈或螺母;

④ 标准件插入后,自动添加约束,无须手动操作。

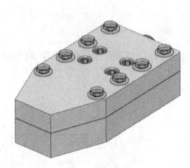

图 6-53　智能紧固件窗口

2. 装配约束顺序调整

装配环境中,中望 3D 2023 新增管理器的"装配节点",用于装配顺序的调整。支持用户直接用拖拽来对装配约束顺序进行调整,如图 6-54 所示。

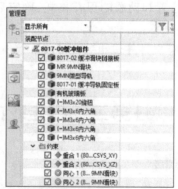

调整顺序前　　　　　　　　　　　　调整顺序后

图 6-54　装配约束顺序调整

【实例描述】

如图 6-55 所示,根据行走轮各零件的尺寸绘制出的三维模型,完成零件的装配。

行走轮装配
与仿真动画

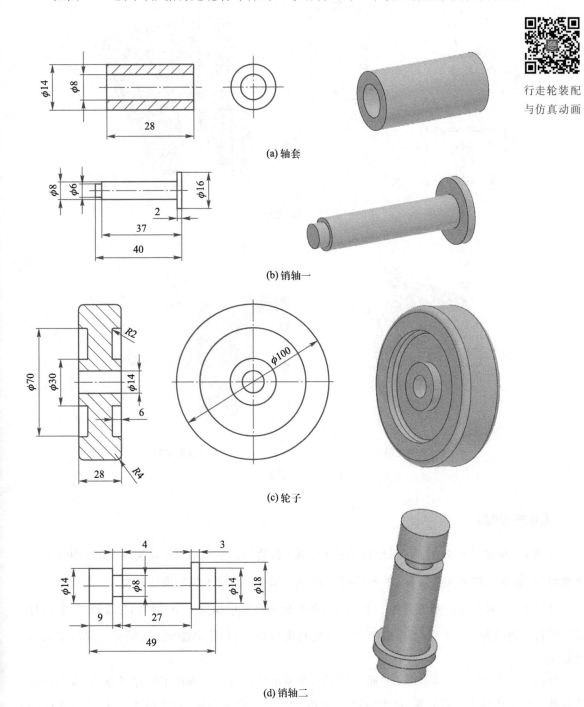

(a) 轴套

(b) 销轴一

(c) 轮子

(d) 销轴二

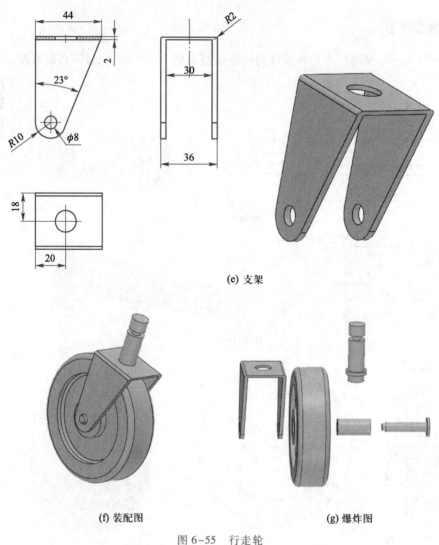

(e) 支架

(f) 装配图   (g) 爆炸图

图 6-55 行走轮

【实施步骤】

步骤 1 新建装配文件。在系统标题栏上单击"新建"按钮 ⬚，在"新建文件"窗口中设置文件类型为"装配"，输入文件名称，单击"确认"按钮 ⬚确认⬚，进入装配设计环境。

步骤 2 放置支架。单击"插入"按钮 🧍，在弹出的窗口中找到支架零件的存盘路径，双击打开该零件任意放置。单击"确定"按钮 ✔，弹出约束窗口后，勾选 ☑固定组件，确定后完成支架零件插入。

步骤 3 添加轮子。再次单击"插入"按钮，在弹出的窗口中找到轮子的存盘路径，双击打开该零件。在工作界面任意放置，单击"确定"按钮 ✔，进入约束界面，在实体 1、实体 2 复选框中分别选取轮子的轴线和支架零件轴线，作为"同心"参考，完成这两个零件的同心约束，如图 6-56 所示。

步骤4　轮子距离约束。再次单击"约束"按钮![icon]，进入约束界面，在实体1、实体2复选框中分别选取，轮子的外侧面和支架零件内侧面作为"距离"参考，输入对齐的偏移值为1，完成这两个零件的对齐约束。如图6-57所示。

图6-56　轮子轴线约束　　　　图6-57　轮子距离约束

步骤5　添加轴套。在工作界面单击鼠标右键打开命令框，选择![icon]插入组件，在弹出的窗口中找到轴套零件的存盘路径，双击打开该零件任意放置。

步骤6　轴套轴线约束。单击![icon]进入约束界面，在实体1、实体2复选框中分别选取轴套零件的轴线和行走轮上一个孔的轴线作为"同心"参考，如图6-58所示，完成这两条轴线的同轴约束。

步骤7　轴套距离约束。单击![icon]进入约束界面，在实体1、实体2复选框中分别选取轴套零件上的侧面和行走轮的侧面作为"距离"参考，输入偏移值为0，完成这两个侧面的距离约束，如图6-59所示，完成轴套的装配。

图6-58　轴套轴线约束　　　　图6-59　轴套距离约束

步骤8　添加销轴一。在工作界面单击鼠标右键打开命令框，选择![icon]插入组件，在弹出的窗口中找到销轴一的存盘路径，双击打开该零件任意放置。

步骤9　销轴一轴线约束。单击![icon]进入约束界面，在实体1、实体2复选框中分别选取销轴一的轴线和行走轮上一个孔的轴线作为"同心"参考，如图6-60所示，完成这两条轴线的对齐约束。

步骤10　销轴一距离约束。单击进入约束界面，在实体1、实体2复选框中分别选取销轴一上的侧面和行走轮的侧面作为"距离"参考，如图6-61所示，输入偏移值为1，完成销轴一的装配。

步骤11　添加销轴二。在工作界面单击鼠标右键打开命令框，选择![icon]插入组件，在弹出的窗口中找到销轴二零件的存盘路径，双击打开该零件任意放置。

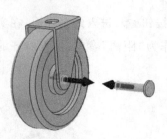

图 6-60　销轴一轴线约束　　　　图 6-61　销轴一距离约束

步骤 12　销轴二轴线约束。单击进入约束界面，在实体 1、实体 2 复选框中分别选取销轴二的轴线和支架顶端上一个孔的轴线作为"同心"参考，如图 6-62 所示，完成这两条轴线的对齐约束。

步骤 13　销轴二距离约束。单击进入约束界面，在实体 1、实体 2 复选框中分别选取销轴二的底面和支架顶面作为"距离"参考，如图 6-63 所示，输入偏移值为 2，完成销轴二的装配。

图 6-62　销轴二轴线约束　　　　图 6-63　销轴二距离约束

步骤 14　设计爆炸图。单击"爆炸视图"按钮，选择"自动爆炸"，如图 6-64 所示，选中装配体，设置距离值为 5，单击"预览"按钮，将装配体分解，得到行走轮爆炸图，如图 6-65 所示。单击"爆炸视频"按钮，生成爆炸动画。

图 6-64　自动爆炸选项　　　　图 6-65　行走轮爆炸图

步骤 15　新建动画。单击"动画"选项卡中的"新建动画"按钮，在"新建动画"窗口中输入时间和动画名称，"时间"根据实际需要进行设定，这里设定为 10 s，"名称"采用默认的"动画

1"。单击"确定"按钮之后,在"管理器"窗口中可看到已激活的待编辑新动画。

　　步骤16　关键帧0:00。由"管理器"窗口中可以看到当前时间是0:00(处于激活状态),调整装配图的视角,作为当前关键帧0:00。单击"动画"中的"添加马达"按钮![], "组件"选择轮子,单击鼠标中键确定。

　　步骤17　关键帧0:02。单击"动画"选项卡中的"关键帧"按钮![], 弹出关键帧"输入管理器",将"时间(m:ss)"修改为"0:02"并确定。此时在动画管理器中可看到关键帧0:02已处于激活,装配体为待编辑的新动画状态,如图6-66所示。

　　步骤18　新动画状态。切换到"装配"选项卡,单击"动画"中的"添加马达"按钮![], "组件"选择轮子,顺时针旋转360°,单击鼠标中键确定,即为"目标点"位置。如图6-67所示,该位置就是关键帧0:02激活的新动画状态。

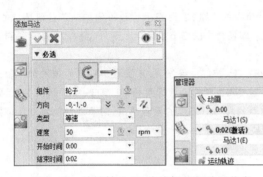

图6-66　关键帧0:02待编辑的新动画状态

图6-67　关键帧0:02动画状态

　　步骤19　其他关键帧。重复步骤17和步骤18,就可以得到一系列的关键帧(0:04、0:06、0:08、0:10),最终顺时针旋转5个360°。最后一帧"关键帧0:10",只要在其上选择"激活"即可。

　　步骤20　播放动画。选择"管理器"中的"播放动画"按钮,可以用于检验前面的动画设置,如图6-68所示。

　　步骤21　录制动画。单击"动画"选项卡中的"录制动画"按钮![], 在弹出的"选择文件……"中选择动画保存的位置和动画的保存格式,确定后,在动画保存的路径下就可以生成AVI格式的"动画1.avi"。

　　步骤22　保存文件并退出装配环境。

图6-68　检验动画设置

项目总结

本项目介绍了中望3D软件的装配功能,首先创建单个零件的几何模型,再组装成子装配部件,最后生成装配部件的过程。如果在装配过程中发现零件设计结构不合理或尺寸不准确,中望3D软件也允许直接在装配环境中修改零件模型,这对真正从事产品创新设计的技术人员来说,无疑有了技术上的保障。软件还提供了完善的装配动画功能,可以通过相关功能制作装配动画,并将动画输出成视频文件。

【榜样力量】

载人潜水器有十几万个零部件,其组装对精密度要求达到了"丝极"。在中国,能完成这个精密度的,首先能想到的就是中国船舶重工集团公司第702研究所的8位组装工人。自成功把"蛟龙"送入海底后,他们的新挑战变成了组装中国首个完全自主设计制造的4500 m载人潜水器。这8位国宝级的"大国工匠",都是奋斗在生产一线的杰出劳动者,他们虽都工作在最普通的岗位上,做的也是最平凡的工作,他们是当今中国千千万万一线工人中的一员,所做的工作正是千千万万中国工人每天都在做的工作,但是他们精湛的技艺和积极探求的精神,令人赞叹不已。

这8位"大国工匠"虽没有过硬的学历,也没有超人的天赋,但他们用孜孜不倦的刻苦钻研精神立足本职工作,在本职岗位上将自己的能力发挥到极致和完美。即使再小的细节也会全心专注、全力以赴,即便再苦再累、付出再多,他们也没有任何怨言。

他们善于从细微处入手,用"螺钉精神",努力在技工、技能上寻发展、求突破。精湛的技术加上敬业奉献、精益求精的精神,成为人们常常称道的"德技双馨",让人敬畏和感动。这种执着、坚守、奉献和精益求精的精神品质,正是当今时代的"工匠精神"。而他们身上所拥有的那种对工作的无限热爱,对事业的执着专注,对质量的极致追求以及甘心奉献的精神,正是工匠精神的现实展示。

项目实战

【强化训练】

如图6-69所示,根据支角各零件的尺寸完成以下任务。

(1)运用特征建模方式,正确构建机械零件三维实体模型。

(2)依据模型装配要求,选择合适的装配约束,按顺序调用已完成的装配单元,正确装配机械部件模型。

(3)完成装配过程中的干涉检查和爆炸视图的创建。

(4)根据要求选择正确的方式制作动画并保存输出文件。

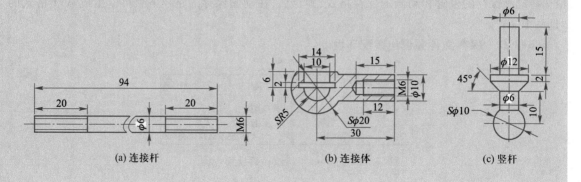

(a) 连接杆　　　　　　　　　(b) 连接体　　　　　　　　　(c) 竖杆

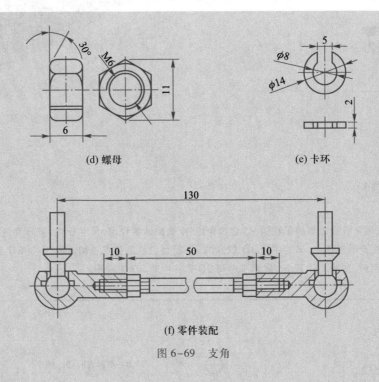

(d) 螺母　　(e) 卡环

(f) 零件装配

图 6-69　支角

【企业案例】

如图 6-70 所示，根据千斤顶各零件的尺寸绘制出三维模型，并完成零件的装配。要求在动画管理器中播放动画、录制动画，并充分考虑各个组件的放置点对生成动画视觉上的影响，正确放置各个组件从而生成满意的动画。

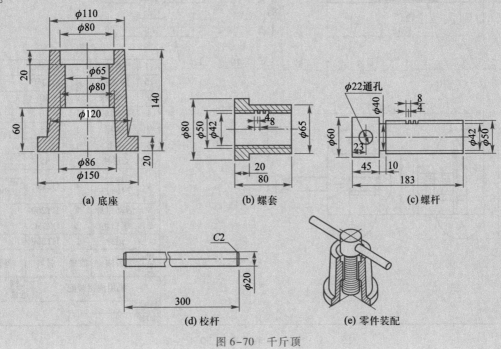

(a) 底座　　(b) 螺套　　(c) 螺杆

(d) 校杆　　(e) 零件装配

图 6-70　千斤顶

项目 七

工程图

⚙ 【学习指南】

　　2D 工程图用来展示设计对象的工程信息，它包含组件/装配体的视图、尺寸标注、符号和注释、文本、表格等。在产品设计和制造生产的过程中，尽管中望 3D 软件的 3D 模型已经足够直观和清晰，但是 2D 工程图依然是非常重要并且被广泛使用的，如图 7-1 所示，展示了中望 3D 软件中的 2D 工程图。

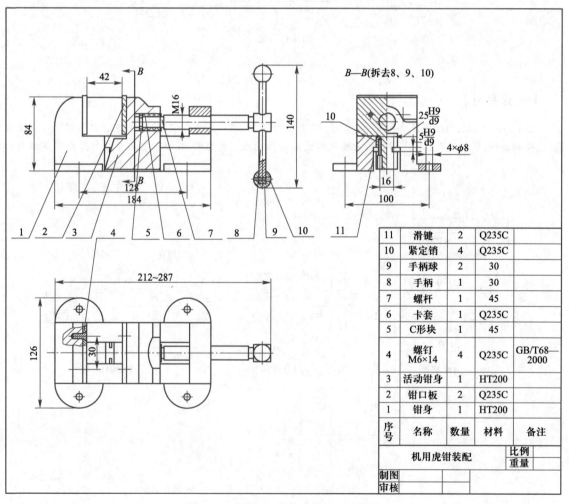

图 7-1　中望 3D 软件中的 2D 工程图

　　完成3D模型的建模后,可以非常便捷地创建2D工程图,并且工程图可以自动跟随3D模型的变化而进行更新。

　　本项目主要介绍中望3D软件中由3D零件及装配体转为2D工程图的基本方法。通过学习,读者将对该方法有深入的了解。

⚙ 【思维导图】(图7-2)

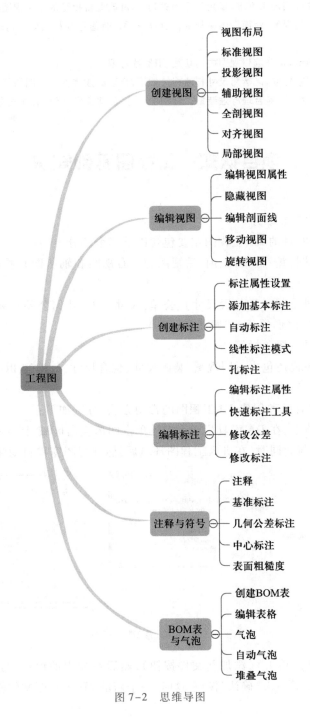

图7-2 思维导图

【X证书技能点】

- 能依据工程制图国家标准,按照工作任务要求,创建工程图模板;结合所要表达的零件模型,选用合适的图幅。
- 能依据机械制图的视图国家标准,运用视图相关知识,准确配置模型的主要视图。
- 能依据机械制图的剖视图、断面图国家标准,运用剖视图、断面图等相关知识,按照零件模型特征,合理表达视图。
- 能运用图线相关知识,正确编辑视图中的切线、消隐线等图素。
- 依据尺寸标注的国家标准,能运用尺寸标注相关知识,合理标注零件工程图的尺寸。
- 依据工程图的国家标准,能合理标注装配工程图的尺寸,创建文字注释,添加气泡及创建 BOM 表。

项目认知 工程图基础知识

1. 2D 工程图中的主要成分

一般情况下,一个零件的 2D 工程图主要包含以下三个部分。

视图:包含标准视图(俯/仰视图、前/后视图、左/右视图和轴测图)、投影视图、剖视图、局部视图等。

标注:包含尺寸(外形尺寸和位置尺寸)、公差(尺寸公差、几何公差)、基准符号、表面粗糙度和文本注释等(程序中的"形位公差"即几何公差)。

图样格式:包含图框、标题栏等。

对于装配工程图来说还包含不同视图、装配尺寸、配合尺寸、气泡和 BOM 表等。

2. 创建新的 2D 工程图

在中望 3D 软件中有两种创建 2D 工程图的常用方法,分别如下:

方法一 建模环境下,在 DA 工具栏或者右键单击图形空白区域,插入一个新的 2D 工程图,然后选择合适的模板,与此同时,在进入工程图环境后,标准视图窗口自动弹出,如图 7-3 所示。

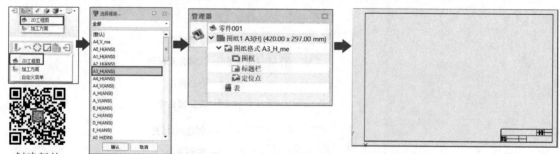

创建新的
工程图

图 7-3 创建新的 2D 工程图 1

方法二 在文件名后单击+(添加新文件按钮),然后在弹出的窗口中选择工程图类型并选择模板,输入工程图名称并单击"确认"按钮,这时,一个新的 2D 工程图文件就创建好了,如图 7-4 所示。

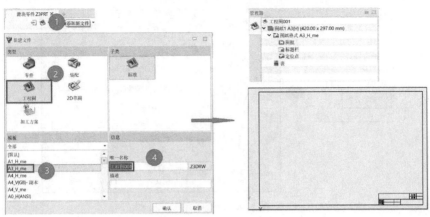

图 7-4　创建新的 2D 工程图 2

3. 2D 工程图的一般设置

2D 工程图的一些常用的设置如下。

① 右上角→配置

在配置窗口可以修改一些默认参数,如图 7-5 所示。

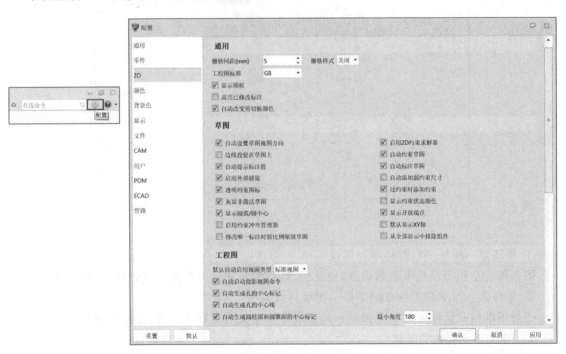

图 7-5　配置

② "工具"菜单栏→设置面板→参数设置

通过该命令可以修改工程图设置,包括长度单位、质量单位、栅格间距、投影类型和投影公差,如图 7-6 所示。

③ "工具"菜单栏→属性面板→样式管理器

通过样式管理器,可以自定义图纸样式,样式管理器窗口如图 7-7 所示。

2D 工程图
的常用设置

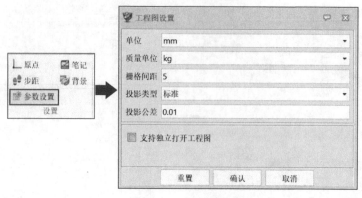

图 7-6　工程图设置

图 7-7　样式管理器窗口

④ 管理器→图纸→右键菜单→属性

图纸属性是用来设置图纸名称、缩放比例、纸张颜色和选中图纸的其他属性,如图 7-8 所示。

⑤ 管理器→图纸格式→右键菜单→图纸格式属性

通过图纸格式属性可以用来根据不同需求重新定义图纸格式属性,如图 7-9 所示。

4. 2D 工程图模板的定制

现实工作中,每个企业都有自己的工程图表达习惯,工程图模板并非标准的工程图模板,故需要自己创建一个新的模板,对模板中的图框与标题栏进行编辑修改,形成定制工程图模板。下面进行详细讲解。

【实例描述】

采用中望 3D 软件,完成 2D 工程图模板的定制,如图 7-10 所示。

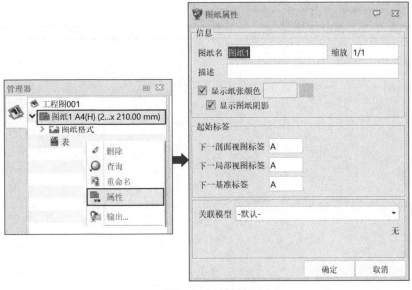

图 7-8　图纸属性

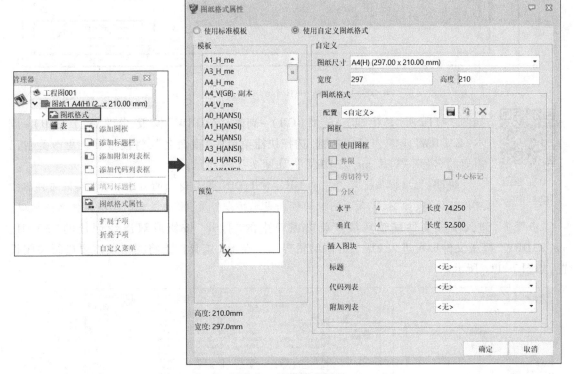

图 7-9　图纸格式属性

【实施步骤】

步骤 1　新建模板文件。 启动软件,选择下拉菜单栏中的"文件"→"模板",系统弹出"选择模板文件"窗口,选择标准图纸模板"A3_H(GB).Z3DRW",在"A3_H(GB).Z3DRW"上单击鼠标右键,选择快捷菜单中的"复制",在窗口空白处再次单击鼠标右键,选择快捷菜单中的"粘贴"

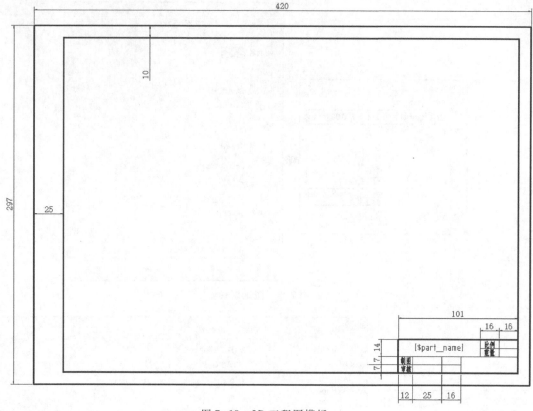

图 7-10 2D 工程图模板

2D 工程图
模板定制

如图 7-11a 所示，生成"A3_H(GB)-副本.Z3DRW"模板，在"A3_H(GB)-副本.Z3DRW"上单击鼠标右键，选择快捷菜单中"重命名"，将模板文件更改为自己需要的名称"A3_H_me.Z3DRW"，如图 7-11b 所示。

　　说明：标准模板文件名中的 GB、ANSI、DIN 表示图纸的标准，定制模板文件名中可以不保留，但 H、V 表示图纸的幅面是水平或竖直，需要在定制模板文件名中体现。

　　步骤 2　**进入模板文件编辑环境**。单击窗口中的"打开"按钮或双击新创建的"A3_H_me.Z3DRW"模板文件即可进入 2D 工程图编辑界面。在 DA 工具栏上将栅格按需要进行关闭设置，如图 7-11c 所示。

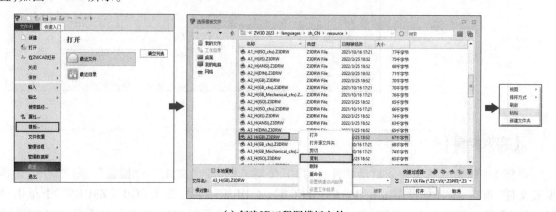

(a) 创建2D工程图模板文件

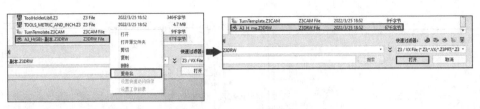

(b) 重命名2D工程图模板文件

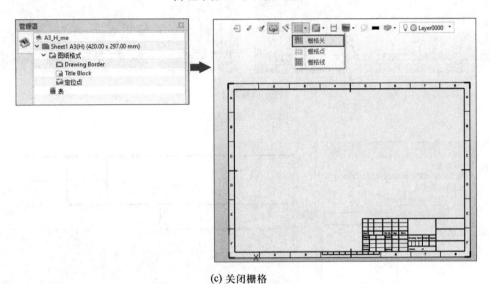

(c) 关闭栅格

图 7-11　新建模板文件

步骤 3　编辑图框。 在"管理器"窗口中的"图框格式"下鼠标右键单击"DrawingBor-der"，在快捷菜单中单击"编辑"按钮，进入图框编辑环境，删除图框上所有的数字、字母、短线和箭头，只保留内外边框的线段与部分尺寸标注约束，编辑如图 7-12a 所示。双击左边的尺寸标注 10，输入左边框间距为 25，编辑结果如图 7-12b 所示，单击"退出"按钮，退出编辑状态。

步骤 4　编辑标题栏。 在"管理器"窗口的"TitleBlock"处单击鼠标右键，在快捷菜单中单击"编辑"按钮，进入标题栏编辑环境，利用"草图"工具栏上的"绘图""编辑"中的直线、删除、修剪等命令对标题栏进行编辑，如图 7-13 所示。

单击"草图"工具栏上的"标注"→"快速标注"按钮，在标题栏上添加尺寸，双击已标注好的尺寸，在输入标注值窗口中输入对应尺寸，依次完成尺寸添加，如图 7-14 所示。

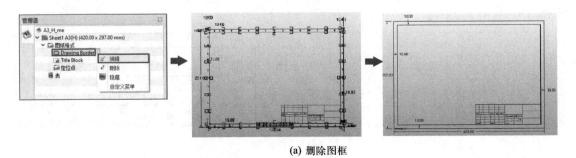

(a) 删除图框

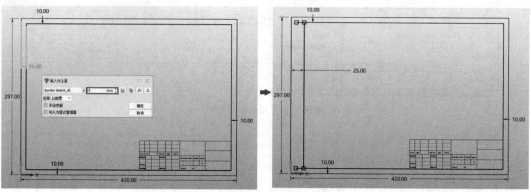

(b) 调整尺寸

图 7-12 编辑图框

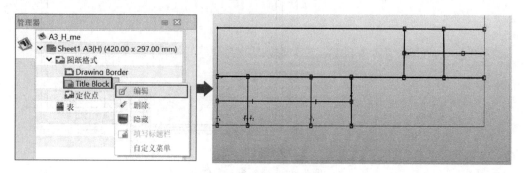

图 7-13 编辑标题栏

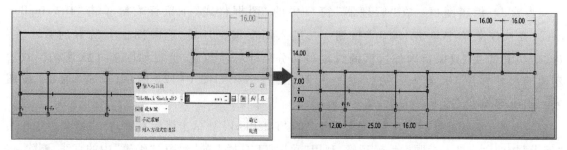

图 7-14 标注标题栏

单击"草图"工具栏上的"绘图"→"创建文字"按钮 A，打开"文字"窗口，在"文字"框内输入对应文字内容，在标题栏中确定文字位置，并将文字高度设置为 3，单击"确定"按钮 ✓，如图 7-15 所示。

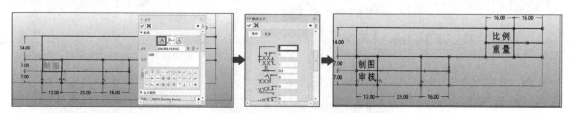

图 7-15 添加文字

单击"草图"工具栏上的"绘图"→"创建文字"按钮A，打开"文字"窗口，同时单击"工具"选项卡上的"变量浏览器"按钮 π，在窗口中单击标准属性左边的 按钮，在列表中选择"part_name"，在"文字"窗口中文字的位置出现"[$part_name]"函数，将函数字体高度设置为4，在标题栏中指定函数的位置，单击"确定"按钮 ✔，如图7-16所示。编辑标题栏结果如图7-17所示，单击"退出"按钮，保存文件，退出编辑状态，再退出模板文件。新的模板文件至此创建完成。

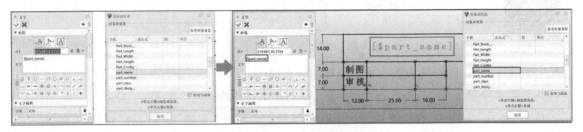

图7-16 添加函数

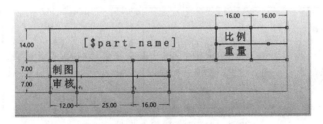

图7-17 编辑标题栏结果

说明：在管理器窗口鼠标右键单击位置不同，弹出的快捷菜单的内容可能也不同，编辑图框与标题栏应在相应位置上选择后鼠标右键单击。编辑过程中的命令操作同草图编辑命令操作。

任务一 滑块零件工程图的绘制

【学习目标】

（1）掌握常用视图工具的使用，如投影、全剖视图、局部剖视图等。

（2）掌握尺寸的标注方法，几何公差、基准特征的创建。

（3）掌握尺寸、文字属性编辑方法。

【相关知识点】

1. 创建视图

启动中望3D软件，选择下拉菜单命令"文件"→"新建"，或者单击系统工具栏上的"新建"按钮，打开"新建文件"窗口，选择模板"A3_H_me. Z3DRW"，命名工程图，单击"确认"按钮，系统激活并进入工程图环境，如图7-18所示。

布局标准
投影视图

全部剖视图与
对齐剖视图

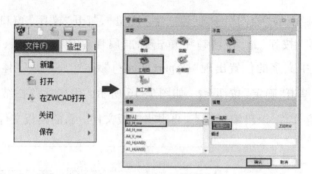

图 7-18 新建 2D 工程图

① 布局视图　布局→视图→布局

执行此命令可生成 3D 零件视图,最多可以创建七种视图。

单击"布局"工具栏上的"视图"→"布局"按钮，打开"布局"窗口,对"通用""标签""线条""模型"上的属性内容进行设置,如图 7-19 所示。

 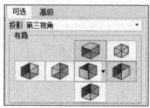  

图 7-19 通过视图命令创建视图

② 标准视图与投影视图　布局→视图→标准/投影

完成新 2D 工程图文件的创建后,标准视图将会被自动激活并打开,也可以单击"布局"工具栏上的"视图"→"标准"按钮和"布局"工具栏上的"视图"→"投影"按钮来给 3D 零件创建标准视图和投影视图,如图 7-20 所示。

图 7-20 标准视图与投影视图

2. 更改视图属性

更改视图属性需要进入"视图属性"窗口进行详细设置。进入"视图属性"窗口有两种方式:一种是选择要编辑的视图双击鼠标左键,如图 7-21a 所示;另一种是选择要编辑的视图或管理器中的图样名称单击鼠标右键,在快捷菜单中选择"属性" ,进入"视图属性"窗口,如图7-21b所示。

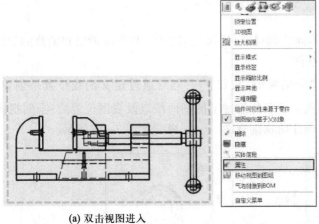

(a) 双击视图进入

(b) 单击属性进入

图 7-21 进入视图属性

视图属性中,常用视图参数,如图7-22所示。包含:显示消隐线/显示中心线/显示螺纹、显

图 7-22 视图属性

示零件标注/从零件显示文本/选择零件的 3D 曲线/显示 3D 基准点、继承当前视图的 PMI、显示缩放和标签、更改线条属性、设置组件可见性。

3. 创建剖视图

在中望 3D 软件中,可以创建多种不同的剖视图,例如全剖视图、对齐剖视图和轴测剖视图。

① 全剖视图　布局→视图→全剖视图

单击"布局"工具栏上的"视图"→"全剖视图"按钮🔲,然后通过定义剖线位置来创建 3D 布局视图的各种剖视图,当使用两个剖面点定义好组件上的剖面线以及视图位置后,全剖视图就完成了。若选择了多个剖面点,则可以创建阶梯剖视图。全剖视图如图 7-23 所示。

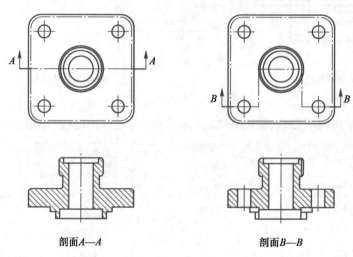

剖面 *A—A*　　　　　　　　　　剖面 *B—B*

图 7-23　全剖视图

② 对齐视图　布局→视图→对齐视图

单击"布局"工具栏上的"视图"→"对齐视图"按钮🔲,可创建在两个方向上的剖视图,如图 7-24 所示。

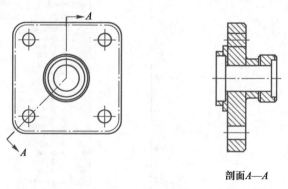

剖面 *A—A*

图 7-24　对齐视图

③ 轴测剖视图　布局→视图→轴测剖视图

在零件环境中,以 *XOZ* 平面为基准创建一个草图,在草图环境中绘制两条线,如图 7-25a 所示,单击"退出"按钮🔲,退出草图。单击"线框"工具栏上的"曲线"→"命名剖面线"按钮🔲,

"轮廓"框选择刚创建的草图,并将其命名为"轴测剖面线",单击"确定"按钮 ,如图 7-25b 所示。

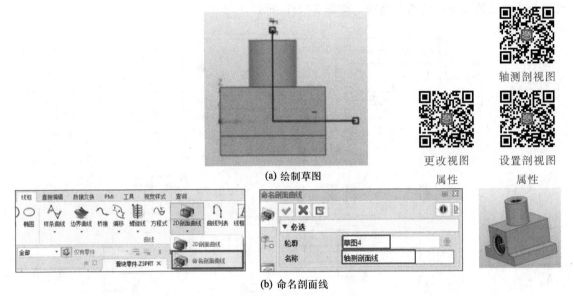

(a) 绘制草图

(b) 命名剖面线

图 7-25　创建轴测剖面线

回到 2D 工程图环境后,单击"布局"工具栏上的"视图"→"轴测剖视图"按钮。3D 名称栏选择"轴测剖面线",单击"确定"按钮 ,生成轴测剖视图,如图 7-26 所示。

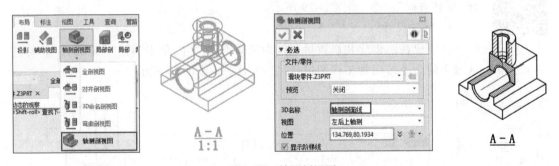

图 7-26　轴测剖视图

4. 设置剖视图属性

在完成视图创建后,可以通过右键单击剖视图的快捷键菜单中的设置,或者单击"布局"工具栏上的"重定义剖面视图"命令来重定义剖面视图,如图 7-27 所示。

图 7-27　重定义剖面视图

如果想编辑通过"全剖视图"命令创建的剖面线,也可以在创建完剖视图后进行编辑。右键

单击视图中的剖面线,单击快捷菜单中的"插入阶梯"命令 $\boxed{\texttt{-}}$,打开"插入阶梯"窗口,在剖面线处单击设置阶梯剖面线的插入点,如图7-28a所示;可以任意选择阶梯点的插入点并将阶梯点拖放到合适的位置来得到新的剖面线。如图7-28b所示。

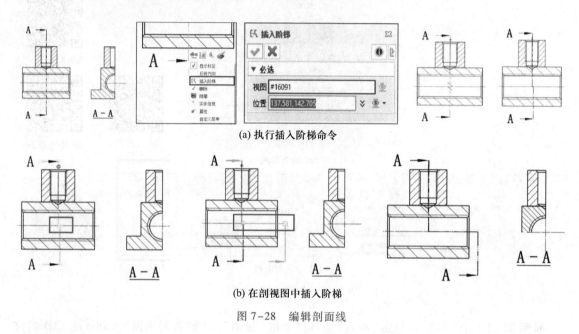

(a) 执行插入阶梯命令

(b) 在剖视图中插入阶梯

图 7-28　编辑剖面线

标注尺寸与
添加公差

如果想改变剖视线的方向,可以右键单击需要编辑的剖面线,在快捷菜单中选择"反转方向"命令,如图7-29所示。

5. 标注尺寸

在完成视图创建和修改后可以为视图添加尺寸,单击"标注"工具栏上"标注"区域中的命令按钮为工程图进行尺寸标注,如图7-30所示。

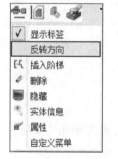

图 7-29　反转方向

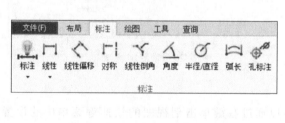

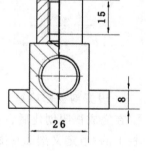

图 7-30　标注尺寸

6. 添加公差

单击"标注"工具栏上的"编辑标注"→"修改公差"按钮 来添加公差,如图7-31a所示;或者右键单击尺寸,然后选择"修改公差"按钮 来修改公差,如图7-31b所示。

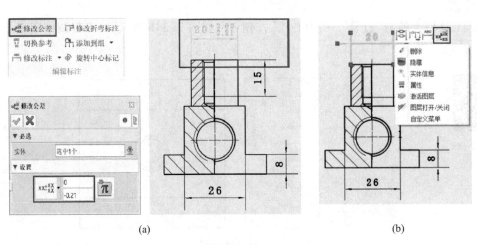

图 7-31 修改公差

7. 快速标注工具

右键单击工具栏空白处,在快捷菜单中单击"工具栏"→"标注工具",此时出现"快速标注"工具栏。选择需要编辑的标注,单击"快速标注"工具栏中的命令按钮快速添加符号、编辑公差或更改精确度,如图 7-32 所示。

图 7-32 快速标注

8. 添加注释与符号

单击"标注"工具栏上"注释"与"符号"区域中的命令,在工程图中添加注释与符号,如图 7-33 所示。

图 7-33 注释与符号

① 中心标记 单击"标注"工具栏上的"符号"→"中心标记"按钮⊕,如图 7-34a 所示;单

击"标注"工具栏上的与"符号"→"中心线"按钮，如图 7-34b 所示，对工程图中图形中心线进行标注。

添加注释
与符号

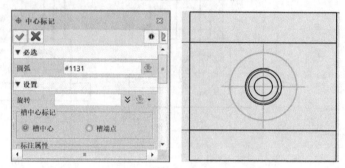

(a) 中心标记

(b) 中心线

图 7-34　中心线

② 基准特征　单击"标注"工具栏上的"注释"→"基准特征"按钮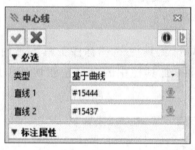，对工程图中的基准特征进行标注，如图 7-35 所示。

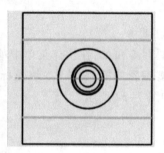

图 7-35　基准特征

③ 形位公差　单击"标注"工具栏上的"注释"→"形位公差"按钮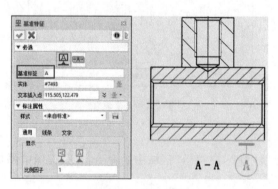，对工程图中形位公差进行标注，如图 7-36 所示。

④ 表面粗糙度　单击"标注"工具栏上的"符号"→"表面粗糙度"按钮√，对工程图中表面粗糙度进行标注，如图 7-37 所示。

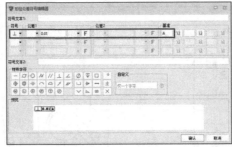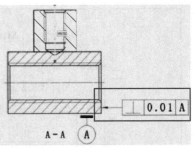

图 7-36　形位公差

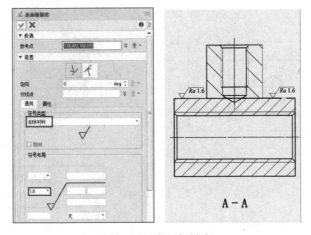

图 7-37　表面粗糙度

单击"标注"工具栏上的"注释-注释"按钮 ，对工程图中注释说明进行标注，如图 7-38 所示。

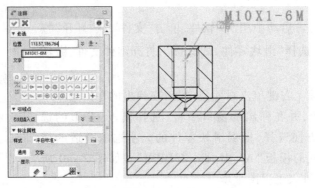

图 7-38　注释

【实例描述】

采用中望 3D 软件将已经创建的滑块零件 3D 模型转换为 2D 零件工程图，如图 7-39 所示。

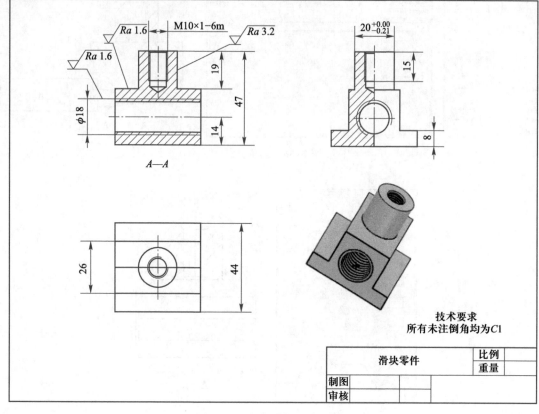

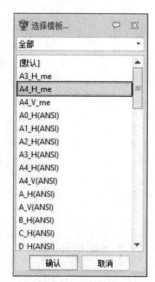

技术要求
所有未注倒角均为C1

滑块零件		比例	
		重量	
制图			
审核			

图 7-39　滑块零件 2D 工程图

【实施步骤】

1. 创建视图

步骤 1　加载零件。启动中望 3D 软件，单击"文件"→"打开"按钮，或单击按钮，选择"滑块零件. Z3PRT"，打开零件文件，激活零件层。

步骤 2　选择模板。右键单击桌面空白处，在弹出的快捷菜单中单击"2D 工程图"命令，并在弹出的窗口中将"选择模板…"下的选项改为"GB_CHS"以方便选择，根据滑块零件的大小选取合适的模板，建议使用自己定制的模板"A4_H_me. Z3DRW"。如图 7-40 所示，单击"确定"按钮，进入工程图环境。

注意：应在桌面空白处单击右键，而不是在零件上。

步骤 3　放置俯视图。选择好工程图模板后，系统自动调用模板，选择默认的视图为"俯视图"，这样就可以用鼠标直接在屏幕上单击图框的左下部分区域，确定视图的放置位置。"位置"图框内的数值可忽略，如图 7-41 所示。

图 7-40　选择工程图模板

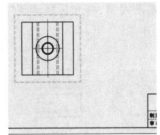

滑块零件
工程图

图 7-41　放置俯视图

单击"布局"工具栏上的"编辑视图"→"旋转视图"按钮 🔄，选择俯视图，使俯视图绕 Z 轴旋转 90°，单击"确定"按钮 ✔️，如图 7-42 所示。

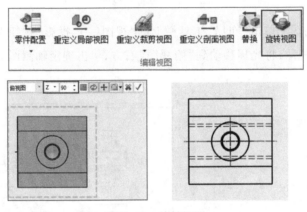

图 7-42　旋转视图

步骤 4　创建全剖视图。单击"布局"工具栏上的"视图"→"全剖视图"按钮，打开"全剖视图"窗口。单击俯视图为基准视图，在"点"选择框中，选取水平中心线上的两个点作为剖切轴，将光标移动到俯视图上方，确定全剖视图的位置，单击"确定"按钮 ✔️，如图 7-43 所示。

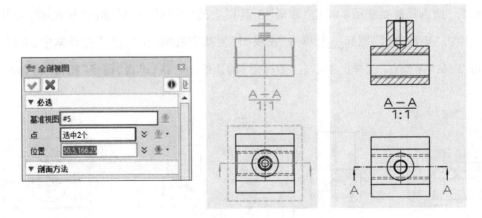

图 7-43　创建全剖视图

步骤 5　放置左视图。单击"布局"工具栏上的"视图"→"投影"按钮，打开"投影"窗口，

单击"主视图"为基准视图,将光标移动到"主视图"右方,单击确定左视图的位置,单击"确定"按钮 ✔,如图7-44所示。

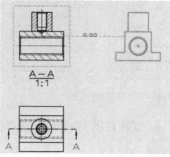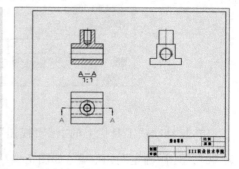

图 7-44　放置左视图

步骤 6　创建轴测图。单击"布局"工具栏上的"视图"→"投影"按钮 ▣,打开"投影"窗口,单击"主视图"为基准视图,将光标移动到"俯视图"右方,单击确定轴测图的位置,单击"确定"按钮 ✔,如图7-45所示。

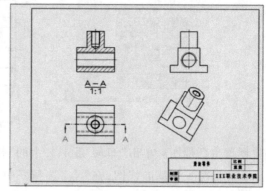

图 7-45　创建轴测图

步骤 7　插入局部剖视图。单击"布局"工具栏上的"视图"→"局部剖"按钮 ▣,打开"局部剖"窗口,单击"矩形边界"图标 ▣,单击"左视图"为基准视图,在"边界"选择框中,选择矩形框的两个角点,在"深度点"选择框中单击"俯视图"的圆的中心线,单击"确定"按钮 ✔,如图7-46所示。

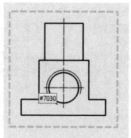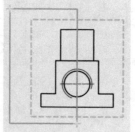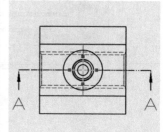

图 7-46　插入局部剖视图

步骤8　调整视图。选择需要调整的视图,将光标移动到视图边缘的虚线,拖动鼠标将视图移动到合适的位置即可,如图 7-47 所示。

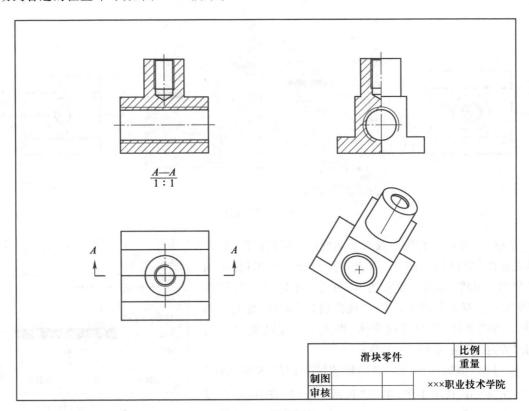

图 7-47　调整视图

2. 编辑视图

步骤1　编辑俯视图。双击俯视图(或在俯视图上单击右键,在弹出的快捷菜单中单击"属性"),打开"视图属性"窗口,在"通用"选项卡下,单击"显示消隐线"图标 ⬛,取消消隐线的显示。在文字选项卡下,将"字体"框设置成宋体,将文字高度设置为"3",单击"确定"按钮,如图 7-48 所示。

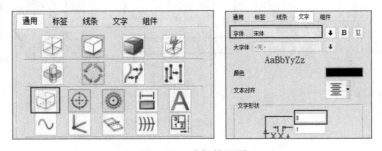

图 7-48　编辑俯视图

步骤2　编辑全剖符号。双击俯视图中的全剖符号(或在全剖符号上单击右键,在弹出的快捷菜单中单击"属性"),打开"属性"窗口,在"通用"选项卡下,箭头样式单击第一个,"标签"框

内输入"A"。在"文字"选项卡下,将"字体"框设置成宋体,将文字高度设置为"3",单击"确定"按钮,如图7-49所示。

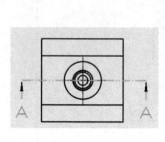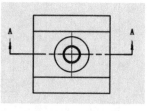

图7-49 编辑全剖符号

　　步骤3 编辑剖视图。双击全剖视图中的剖面线,打开"填充属性"窗口,在"图案"列表中选择合适的图例,在填充"属性"下将"间距"设置为3,单击"确定"按钮,如图7-50所示。双击剖视图,打开"视图属性"窗口,在文字选项卡下,将"字体"框设置成宋体,将文字高度设置为"3",单击"确定"按钮,如图7-51所示。

　　步骤4 编辑轴测图。双击轴测图,打开"视图属性"窗口,在"通用"选项卡中,单击"显示中心线"图标⊕、"显示螺纹"图标◎,取消中心线与螺纹线的显示,单击"着色"

图7-50 编辑剖面线

图标▣,将轴测图设置为真实显示效果,单击"确定"按钮,如图7-52所示。

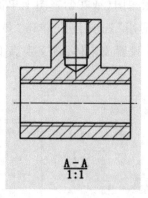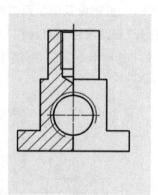

图7-51 编辑剖视图中文字

3. 标注尺寸

　　双击俯视图,打开"视图属性"窗口,在"通用"选项卡中选取"显示零件标注"图标▤,如图7-53所示,单击"确定"按钮,在俯视图的相应位置出现尺寸标注,但本例中出现的尺寸标注不符合要求,因此,可以改为手动标注俯视图。

 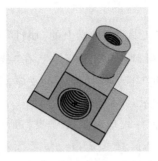 

图 7-52　编辑轴测图　　　　　　　　　图 7-53　"显示零件标注"设置

说明："显示零件标注"能够将所有平行于视图平面的零件标注显示出来。

步骤 1　标注俯视图。单击工具栏上的"标注"→"标注"按钮，打开"标注"窗口。在点 1、点 2 框内分别选择俯视图中要标注对象的两个端点或选择对象，将尺寸放置在合适位置单击即可，如图 7-54 所示。

 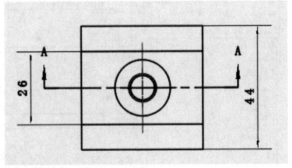

图 7-54　标注俯视图

步骤 2　标注全剖视图。单击工具栏上的"标注"→"线性"按钮，打开"线性"窗口。在点 1、点 2 框内分别选择要标注对象的两个端点，将尺寸放置在合适位置即可，如图 7-55 所示。

 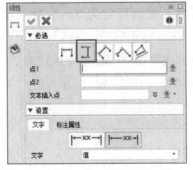 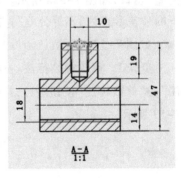

图 7-55　标注全剖视图

步骤 3　标注半剖视图。按照步骤 1、2 中的方法对半剖视图进行标注，标注结果如图 7-56 所示。

4. 修改完善标注

步骤 1 标注文字设置。单击"工具"工具栏上的"属性"→"样式管理器"按钮 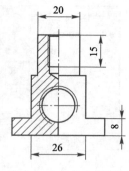 ,打开"样式管理器"窗口。单击"线性",在"线性标注样式"下选择文字选项卡,在"文字形状"下将线性标注的文字高度修改为"3",单击"确定"按钮,如图 7-57 所示。

图 7-56 标注半剖视图

说明:"样式管理器"是一个基于样式的标准管理器,用户可以通过它方便地管理和编辑图纸标准与样式。样式是指一组定义好的属性的集合,标准则是一组样式的集合。"文字形状"主要用于设置:

① 文字大小:即将文字高度、文字宽度、文字垂直间距、文字水平间距等设置为数值型字段,数值是以默认的草图或工程图为单位测量的。

② 倾斜角:输入每个字符的倾斜角度,以度为单位。如果为 0,则各个字符是垂直的。正值往右倾斜,负值往左倾斜。

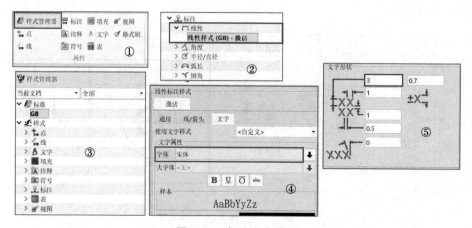

图 7-57 标注文字设置

步骤 2 添加公差。单击"标注"工具栏上的"编辑标注"→"修改公差"按钮，打开"修改公差"窗口,如图 7-58a 所示。在"实体"框中选取 20 mm 尺寸,如图 7-58b 所示。修改"设置"下的公差形式为"不等公差",并将公差值设定为 0、-0.21,如图 7-58c 所示,单击"确定"按钮，如图 7-58d 所示。

步骤 3 修改螺纹标注。双击主视图 10 mm 尺寸线段激活(或单击"标注"选项卡下"编辑标注"→"修改标注"按钮），打开"修改标注"窗口,在"文字"框中输入"M[Val]×1-6m";如图 7-59 所示。

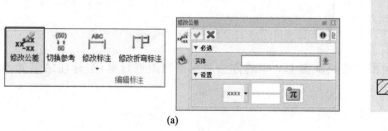

(a)

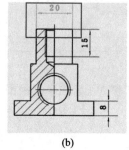

(b)

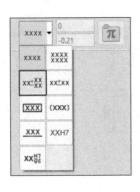
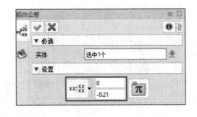
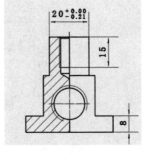

(c)　　　　　　　　　　　　　　　　　　(d)

图 7-58　添加公差

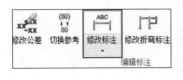

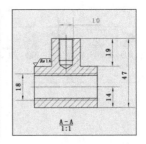

图 7-59　修改螺纹标注

双击主视图 18 mm 尺寸线段激活，打开"修改标注"窗口，将光标放在"文字"框的"[Val]"前，单击 ⊘，单击"确定"按钮 ✓，如图 7-60 所示。

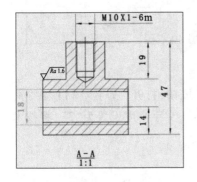

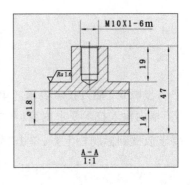

图 7-60　修改直径标注

步骤 4　修改剖面符号。 选择俯视图中的剖面符号，单击鼠标右键，在快捷菜单中单击"隐藏"按钮，将俯视图中的剖面符号隐藏起来，如图 7-61 所示。

说明：按照国标规定，全剖视图的剖面符号可以省略。

步骤 5　插入表面粗糙度符号。 单击"标注"工具栏上的"符号"→"表面粗糙度"按钮 √，打开"表面粗糙度"窗口，在"通用"选项卡的"符号类型"框中单击"去除材料"，在"符号布局"区域内的相应位置选择表面粗糙度值"1.6"与"3.2"。在"属性"选项卡下将字体设置为"宋体"，文字高度设置为"3"，之后在视图上的合适位置单击放置表面粗糙度符号，如图 7-62 所示。

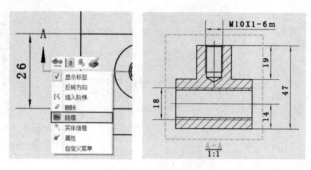

图 7-61 隐藏剖面符号

图 7-62 插入表面粗糙度符号

　　步骤 6 插入技术要求。单击工具栏上的"绘图"→"文字"按钮,打开"文字"窗口,在"文字"框内输入技术要求内容,在"文字属性"中将字体设置为"宋体",文字高度设置为"3",将技术要求放置到标题栏上方,单击"确定"按钮  ,如图 7-63 所示。

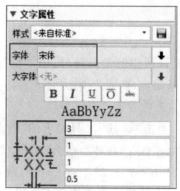

图 7-63 插入技术要求

步骤7　保存文件,退出零件工程图。

任务二　虎钳装配体工程图的绘制

【学习目标】

（1）掌握二维零件模型的显示控制方式。
（2）熟练使用鼠标对模型进行缩放、旋转、平移操作。
（3）掌握模型视角的改变方式。

【相关知识点】

1. 添加气泡

装配工程图中添加的气泡有"自动气泡""气泡"与"堆叠气泡"三种方式。

自动气泡:单击"标注"工具栏上"注释"→"自动气泡"按钮。根据组件的可见性可以在视图中自动生成气泡,并插入到适当的视图中,而不需要重复。也可以指定气泡是否按照装配的顺序或按编号的顺序排列,如图7-64所示。

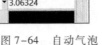

图7-64　自动气泡

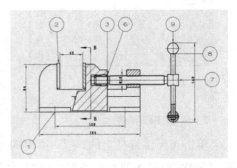

添加气泡

布局中的参数说明如下:

仅对BOM里的组件用来控制BOM中不包含的部件是否需要进行标签。如果包含被排除的组件,则使用∗字符作为它们的ID,并可以修改。

仅对没有气泡的条目用来标记没有在其他视图标记的组件。

如果在图样中插入了BOM,则激活这两个选项。

气泡:单击"标注"工具栏上的"注释"→"气泡"按钮。此命令可以为选定的实体手动创建

气泡,也可创建多个基点和引线箭头。气泡的参数设置与自动气泡命令一样,如图 7-65 所示。

图 7-65　气泡

堆叠气泡:单击"标注"工具栏上的"注释"→"堆叠气泡"按钮 🔳。此命令可以将气泡堆叠在一起。将 1 作为主气泡,与 2、3 进行堆叠,将 5 作为主气泡,与 6、7 进行堆叠的设置如图 7-66 所示。

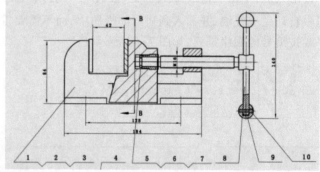

图 7-66　堆叠气泡

2. 创建 BOM 表

单击布局工具栏上的"表"→"BOM 表"按钮 🔳,打开"BOM 表"窗口,"视图"选择第二个视图,"名称"可以按照自己的需要命名,如图 7-67 所示。

BOM 表层级中最常用选项的定义如下:

仅顶层:仅列举出零件和子装配体,但是不列举出子装配体零部件。

仅零件:列举所有的零件,包括子装配体的零件,但是不列举子装配体,子装配体零部件作为单独项目。

在表格式中,可以使用左右箭头添加或删除选定的属性,也可以使用上下箭头调整属性的排列顺序。

在表格的"列"选项下,选取 BOM 表中不需要的成分,如"成本",再按"◀"将"成本"移到左边,将表格的升降顺序由"Z→A" 🔽,改为"A→Z" 🔼,如图 7-68 所示。单击"确定"按钮 ✔,打开"插入表"窗口,在"原点"框中选择 BOM 表的插入基准点为"左下",单击"确定"按钮 ✔,然后在工程图中找到合适的位置放置 BOM 表。

创建与编辑
BOM 表

图 7-67　创建 BOM 表

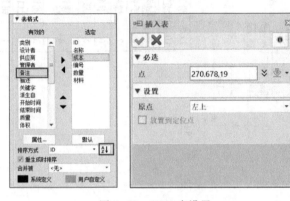

图 7-68　BOM 表设置

3. 编辑 BOM 表

单击表格区域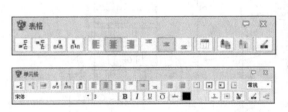，调用"表格"窗口，然后单击任意列或行调用表格列/行的窗口，可以添加或删除列或行、设置文字对齐和位置属性等，单击单元格就可对单格内的数据进行调整，如图 7-69 所示。

图 7-69　编辑 BOM 表

【实例描述】

采用中望 3D 软件将已创建好的机用虎钳装配体转换为 2D 装配工程图，如图 7-70 所示。装配体工程图的设计过程与零件工程图的设计过程基本是一样的，只是表达的侧重点有所不同。

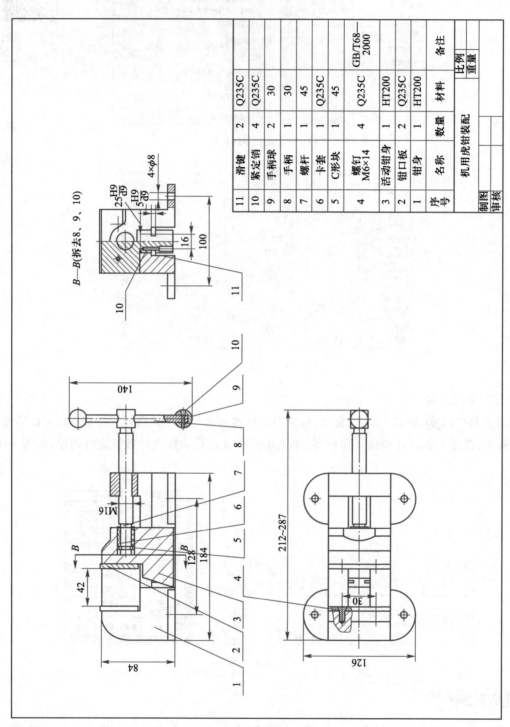

序号	名称	数量	材料	备注
11	滑键	2	Q235C	
10	紧定销	4	Q235C	
9	手柄球	2	30	
8	手柄	1	30	
7	螺杆	1	45	
6	卡套	1	Q235C	
5	C形块	1	45	
4	螺钉 M6×14	4	Q235C	GB/T68—2000
3	活动钳身	1	HT200	
2	钳口板	2	Q235C	
1	钳身	1	HT200	

机用虎钳装配

比例
重量

制图
审核

图 7-70 机用虎钳装配工程图

【实施步骤】

1. 创建视图布局

步骤1　加载机用虎钳装配体。 启动中望3D软件,单击"文件"→"打开"按钮,单击"机用虎钳"文件,单击"打开",加载虎钳装配体,如图7-71所示。

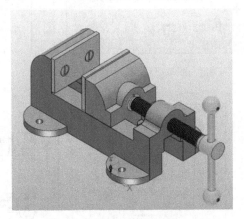

虎钳装配
工程图

图7-71　加载虎钳装配体

步骤2　选择模板。 在空白处单击鼠标右键,在弹出的快捷菜单中单击"2D工程图"命令,选择自己定制的模板"A3_H_me",如图7-72所示,单击"确定"按钮,进入工程图环境。

图7-72　进入2D工程图环境

步骤3　放置第一个视图。 单击"布局"工具栏上的"视图"→"标准"按钮,打开"标准"窗口,在"通用"选项卡中将缩放比例设置为"1:2",在绘图区域移动光标,将左视图移动到合适位置单击左键,再单击"确定"按钮,如图7-73所示。

步骤4　放置第二个视图。 主视图放置好后,系统直接打开"投影"窗口,选择第一个视图

"主视图"为基准视图,向下移动光标,在主视图下方适合的位置单击左键放置第二个视图"俯视图",单击"确定"按钮 ✅ ,如图7-74所示。

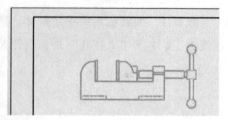

图7-73　放置第一个视图

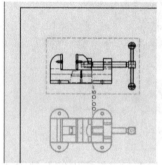
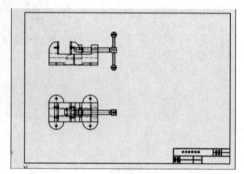

图7-74　放置第二个视图

　　步骤5　放置第三个视图。单击"布局"工具栏上的"视图"→"标准"按钮 ，打开"标准"窗口,在"视图"框中单击"右视图",如图7-75a所示;在"通用"选项下将缩放比例设置为"1∶2",如图7-75b所示;在"模型"选项卡下单击手柄、2个手柄球、2个紧定销前的勾选框,取消这五个零件在右视图中的显示,如图7-75c所示;向右移动光标,在主视图右方适合的位置单击左键放置第三个视图"右视图",单击"确定"按钮 ✅ ,如图7-75d所示。

(a) 打开标准命令　　　　　(b) 设置视图比例　　　　　(c) 设置视图显示对象

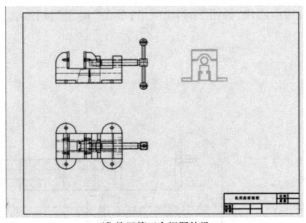

(d) 放置第三个视图结果

图 7-75　放置第三个视图

步骤 6　调整视图。选中需要调整的视图,将光标移动到视图上,拖动鼠标移动到合适的位置即可,结果如图 7-76 所示。由于视图之间的对齐关系,可能会导致其他视图也随之发生移动。

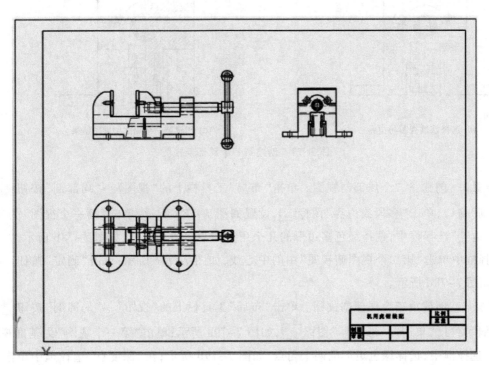

图 7-76　调整视图结果

2. 创建局部剖视图

步骤 1　创建第一个局部剖视图。单击"布局"工具栏上的"视图"→"局部剖"按钮 ,打开"局部剖"窗口,"单击"矩形边界"图标 ,如图 7-77a 所示;选择第三个视图"右视图"为基准视图,在"边界"选择框中,选择绿色矩形的两个角点,如图 7-77c 所示;在"深度点"选择框中单

击"第一个视图"的定位销中心线,如图 7-77b 所示;单击"确定"按钮 ✓ 完成创建,如图 7-77d
所示。

(a) 执行局部剖命令

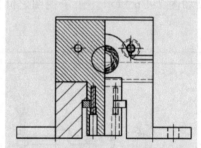

(b) 选择深度点

(c) 选择基准视图与边界

(d) 创建第一个局部剖视图结果

图 7-77 创建第一个局部剖视图

步骤 2 创建第二个局部剖视图。单击"布局"工具栏上的"视图"→"局部剖"按钮,打开
"局部剖"窗口,单击"多段线边界"图标,设置如图 7-78a 所示;单击"第一个视图"为基准视
图,在"边界"选择框中,选择绿色多边形的几个角点作为多边形边界,如图 7-78b 所示;在"深度
点"选择框中单击"第二个视图俯视图"中的中心线,如图 7-78c 所示;单击"确定"按钮 ✓ 完成
创建,如图 7-78d 所示。

步骤 3 创建第三个局部剖视图。单击"布局"工具栏上的"视图"→"局部剖"按钮,打开
"局部剖"窗口,"单击"矩形边界"图标 1 2,如图 7-79a 所示;单击"第一个视图"为基准视图,在
"边界"选择框中,选择绿色矩形的两个角点,如图 7-79b 所示;在"深度点"选择框中单击"第三
个视图"的圆中心线,如图 7-79c 所示;单击"确定"按钮 ✓ 完成创建,如图 7-79d 所示。

步骤 4 创建第四个局部剖视图。单击"布局"工具栏上的"视图"→"局部剖"按钮,打开
"局部剖"窗口,"单击"多段线边界"图标,如图 7-80a 所示;单击"第一个视图"为基准视图,
在"边界"选择框中,选择绿色多边形的八个角点,如图 7-80b 所示;在"深度点"选择框中单击
"第三个视图"的圆中心线,如图 7-80c 所示;单击"确定"按钮 ✓ 完成创建,如图 7-80d 所示。

(a) 局部剖设置

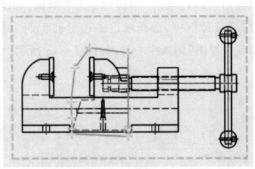

(b) 选择基准视图与多边形边界

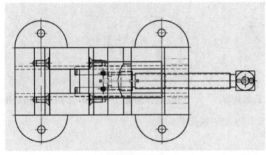

(c) 选择深度点

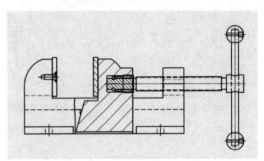

(d) 第二个局部剖视图

图 7-78　创建第二个局部剖视图

(a) 局部剖设置

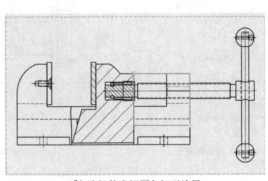

(b) 选择基准视图与矩形边界

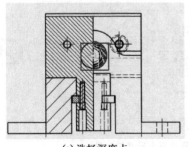

(c) 选择深度点

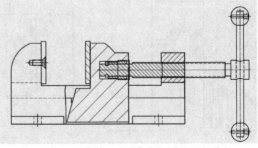

(d) 第三个局部剖视图

图 7-79　创建第三个局部剖视图

步骤5 创建第五个局部剖视图。单击"布局"工具栏上的"视图"→"局部剖"按钮 ，打开 "局部剖"窗口，单击"多段线边界"图标，如图7-81a所示；单击"第一个视图"为基准视图，在 "边界"选择框中，选择绿色多边形的十四个角点，如图7-81b所示；在"深度点"选择框中单击 "第三个视图"的圆中心线，如图7-81c所示；单击"确定"按钮 完成创建，如图7-81d所示。

(a) 局部剖设置

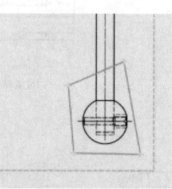
(b) 选择基准视图与多边形边界

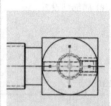
(c) 选择深度点

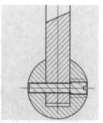
(d) 第四个局部剖视图

图7-80 创建第四个局部剖视图

(a) 局部剖设置

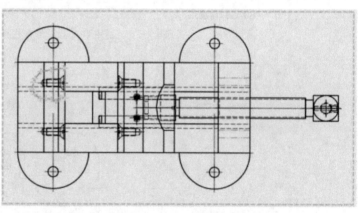
(b) 选择基准视图与多边形边界

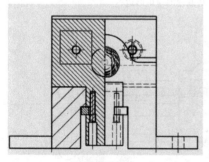
(c) 选择深度点

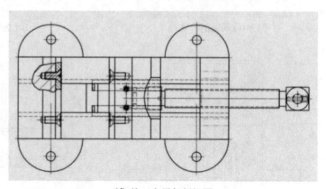
(d) 第五个局部剖视图

图7-81 创建第五个局部剖视图

步骤6　创建第六个局部剖视图。单击"布局"工具栏上的"视图"→"局部剖"按钮，打开"局部剖"窗口，单击"圆形边界"图标，如图 7-82a 所示；单击"第一个视图"为基准视图，在"边界"选择框中，选择绿色圆形的圆心点与圆上的一个点，如图 7-82b 所示；在"深度点"选择框中单击"第一个视图"的圆中心线，如图 7-82c 所示；单击"确定"按钮 完成创建，如图 7-82d 所示。

(a) 局部剖设置

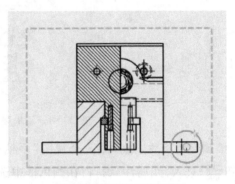

(b) 选择基准视图与圆形边界

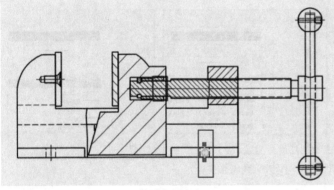

(c) 选择深度点

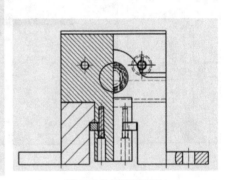

(d) 第六个局部剖视图

图 7-82　创建第六个局部剖视图

3. 编辑视图

步骤1　补全视图中的线。单击"绘图"工具栏上的"绘图"→"1/2 直线"按钮，打开"1/2 直线"窗口，将三个视图中螺杆上没有的直线、螺纹线零件的中心线绘制出来，如图 7-83 所示。

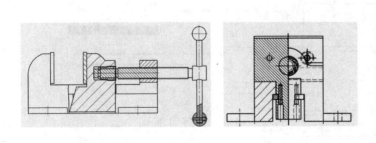

图 7-83　补全视图中的线

步骤 2 编辑视图属性。双击"第一个视图",打开"视图属性"窗口,在"通用"选项卡下单击"显示消隐线"图标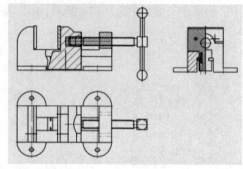,取消消隐线的显示。第二、三个视图的操作与第一个视图相同,如图7-84所示。

图7-84 编辑视图属性

步骤 3 编辑直线属性。在"第一个视图"手柄球的中心线单击鼠标右键,在快捷菜单中单击"属性"按钮,进入"线属性"窗口,在颜色框中选择"蓝色",在类型框中选择"单点划线",在线宽框中输入"0.18 mm",然后单击"确定"按钮,如图7-85所示。

图7-85 编辑直线属性

在"第一个视图"螺杆上的螺纹线单击鼠标右键,在快捷菜单中单击"属性"按钮,进入"线属性"窗口,在线宽框中输入"0.18 mm",然后单击"确定"按钮,如图7-86所示。其他补充的中心线与螺纹线均采用以上方式进行编辑修改。

注意:在对象选择时,如需要选择多个对象进行编辑,可按下"Ctrl"键同时选择对象,一起加入选择集,实现多个对象的选择并编辑。

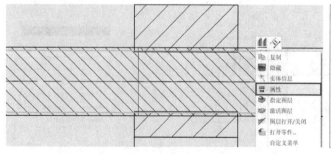

图7-86 编辑螺纹线属性

步骤 4　隐藏中心线。在"第二个视图"的底板圆的圆心处按住"Ctrl"键,选择水平与垂直的中心线,然后在中心线处单击鼠标右键,选择快捷菜单中的"隐藏"按钮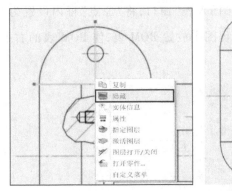,如图 7-87 所示,将需要隐藏的直线按照以上方式隐藏。

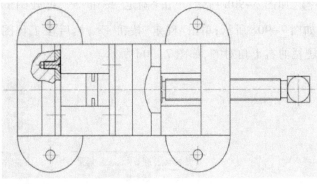

图 7-87　隐藏中心线

步骤 5　隐藏剖面线。在"第一个视图"中螺杆的剖面线单击鼠标右键,选择快捷菜单中的"隐藏"按钮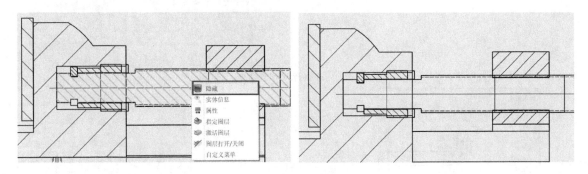,如图 7-88 所示,将需要隐藏的剖面线按照以上方式隐藏。

图 7-88　隐藏剖面线

步骤 6　编辑剖面线。在"第三个视图"中剖面线单击鼠标右键,选择快捷菜单中的"属性"按钮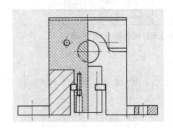,将间距改为"2",单击"确定"按钮,如图 7-89 所示。将需要修改的剖面线间距按照以上方式分别修改为 0.5、1、2 三个数值。

  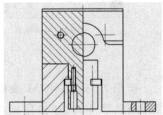

图 7-89　编辑剖面线

4. 插入 BOM 表

插入 BOM 表后还需要进一步的调整,如中文的显示、ID 位置、气泡文字等。

步骤 1　插入 BOM 表。单击"布局"工具栏上的"表"→"BOM 表"按钮,打开"BOM 表"

窗口，选择第二个视图，“名称”可以按照需要命名，这时输入“BOM”，如图 7-90a 所示。在表格的“列”选项下，选取 BOM 表中不需要的成分如“成本”，再按三角符号“◀”将“成本”移到左边；选取 BOM 表中需要的“备注”，再按三角符号“▶”将“备注”移到右边，将表格的升降顺序由 Z↓A 改为 A↓Z，如图 7-90b 所示；单击“确定”按钮 ✔，打开“插入表”窗口，将“原点”框内设置为“右下”，如图 7-90c 所示；单击“确定”按钮 ✔，然后在工程图中放置 BOM 表，使 BOM 表的右下角与标题栏的右上角对齐，如图 7-90d 所示。

(a) 执行BOM表命令

(b) BOM表设置

(c) BOM表插入设置

(d) BOM表插入位置确定

图 7-90 插入 BOM 表

步骤 2 调整 BOM 表中零件顺序。 将光标移向行序号处，选择相应的零件行，单击鼠标左键并拖动到正确位置，依次按照如图 7-91 所示，调整 BOM 表中的零件顺序。

步骤 3 编辑 BOM 表属性。 在 BOM 表的左下角，单击鼠标右键，在弹出的快捷菜单中单击“属性”，打开“表格属性”窗口，将字体改为“宋体”，同时将字高修改为“3”，然后单击“确定”按钮，如

2	滑块			2	Q235C
4	紧定销			4	Q235C
11	手柄球			2	Aluminum
10	手柄			1	Aluminum
7	螺杆			1	Aluminum
5	卡套			1	Aluminum
1	C形块			1	HT200
6	螺钉M6X14			4	Aluminum
3	活动钳身			1	HT200
8	钳口板			2	Aluminum
9	钳身			1	Aluminum
序号	名称	编号	备注	数量	材料

图 7-91 调整表中零件顺序

图 7-92 所示。

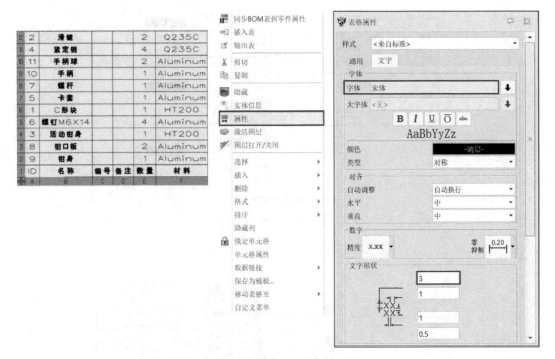

图 7-92　编辑 BOM 表属性

步骤 4　编辑 ID 序列。单击"工具"工具栏上的"属性"→"样式管理器"按钮,单击"BOM 表",如图 7-93a 所示;在"通用"选项卡的"定向"框内单击"从顶部到底部",在"边界网格线"框内设置"线宽"为"0.25 mm",单击"确定"按钮,如图 7-93b 所示。

步骤 5　编辑 BOM 表中的列。在"编号"列单击鼠标右键,在快捷菜单中单击"删除"→"列"按钮,将不需要的表格列删除,如图 7-94 所示。

步骤 6　编辑单元格内容。双击单元格(首次会弹出"是否要解锁,继续编辑?"窗口,单击

(a) 进入样式管理器

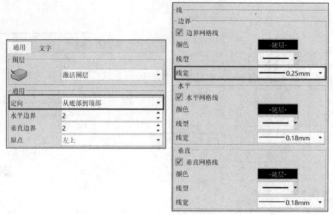

(b) 参数设置

图 7-93　编辑 ID 序列

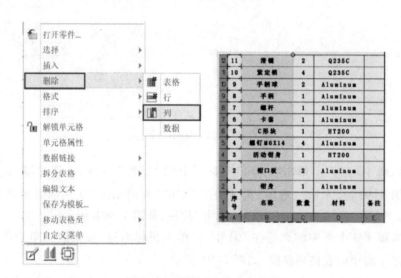

图 7-94　删除 BOM 表中的列

"是"按钮),进入单元格编辑状态,依次修改单元格的序号列、材料列、备注列的内容,如图 7-95 所示。

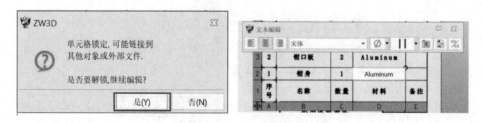

图 7-95　编辑单元格内容

步骤 7　调整表格。将光标放到表格线上出现"双向箭头"  后,拖动鼠标可调节表格的行高与列宽,将光标放到表格左下角出现"四向箭头" 后,拖鼠标可调整表格整体位置。通过以

上方式合理调整表格,如图 7-96 所示。

5. 添加气泡

步骤 1　设置气泡样式。单击"工具"工具栏上的"属性"→"样式管理器"按钮,双击"气泡注释",如图 7-97a 所示;在"通用"选项卡的"气泡类型"框内单击"下划线","文本位置"单击"第二个","箭头"单击" ",如图 7-97b 所示;在"文字"选项卡下将"字体"设置为"宋体",将"字高"设置为"3",如图 7-97c 所示;单击"确定"按钮,系统弹出"保存变化?"窗口,单击"是"按钮,如图 7-97d 所示。

11	滑键	2	Q235C	
10	紧定钉	4	Q235C	
9	手柄球	2	30	
8	手柄	1	30	
7	螺杆	1	45	
6	卡圈	1	Q235C	
5	C形块	1	45	
4	螺钉 M6X14	4	Q235C	GB/T68 -2000
3	活动钳身	1	HT200	
2	钳口板	2	Q235	
1	钳身	1	HT200	
序号	名称	数量	材料	备注
机用虎钳装配			比例 重量	
制图 审核				

图 7-96　调整表格结果

(a) 进入样式管理器

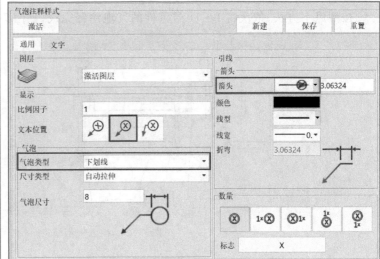

(b) 气泡样式设置

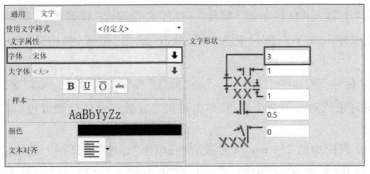

(c) 气泡文字设置

(d) 保存变化提示

图 7-97　设置气泡样式

步骤 2　手动插入气泡。单击"标注"工具栏上的"注释"→"气泡"按钮,打开"气泡"窗口,单击第一个视图中的钳口板处,确定气泡放置的位置,在"文字"框内输入"2",单击"确定"按钮 ,如图 7-98 所示。

图 7-98　手动插入气泡

按照以上方法,依次将 1~11 号零件的气泡注释完成,如图 7-99 所示。

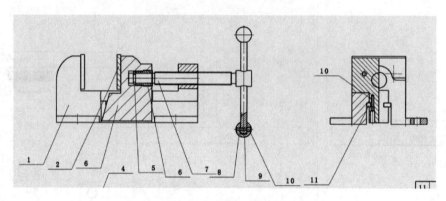

图 7-99　插入气泡结果

步骤 3　调整气泡。单击气泡数字拖动到合适位置,依次调整好气泡的位置,如图 7-100 所示。

6. 标注尺寸与添加注释

步骤 1　设置标注样式。单击"工具"工具栏上的"属性"→"样式管理器"按钮 📘,选择"标注"→"文字",将字体设置为"宋体",文字高度设置为"3",单击"确定"按钮,如图 7-101 所示。

步骤 2　标注三个视图。单击"标注"工具栏上的"标注"→"标注"按钮 💡,打开"标注"窗口。分别选择三个视图中要标注的对象或对象的两个端点,单击将尺寸放置在合适位置即可,如图 7-102 所示。

步骤 3　修改标注。双击第二个视图中的 254 mm 尺寸激活(或单击"标注"工具栏上的"编辑标注"→"修改标注"按钮 ABC),打开"修改标注"窗口,在"文字"框中输入"212~287",单击"确定"按钮 ✓,如图 7-103 所示。

双击第三个视图中的 8 mm 尺寸激活(或单击"标注"工具栏上的"编辑标注"→"修改标注"按钮 ABC),打开"修改标注"窗口,在"文字"框中输入"4×[val]×1-7M",如图 7-104 所示。

步骤 4　修改公差。单击"标注"工具栏上的"编辑标注"→"修改公差"按钮 ✗,打开"修改公差"窗口,如图 7-105a 所示;在"实体"框中选取 25 mm 与 5 mm 两个尺寸,如图 7-105b 所示;

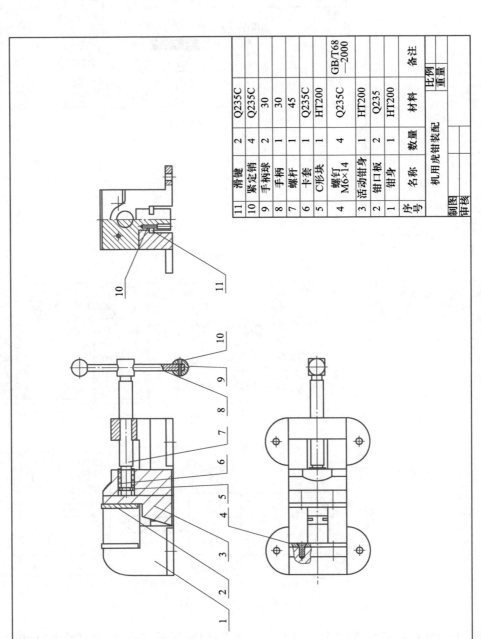

序号	名称	数量	材料	备注
11	滑键	2	Q235C	
10	紧定销	4	Q235C	
9	手柄球	2	30	
8	手柄	1	30	
7	螺杆	1	45	
6	卡套	1	Q235C	
5	C形块	1	HT200	
4	螺钉M6×14	4	Q235C	GB/T68—2000
3	活动钳身	1	HT200	
2	钳口板	2	Q235	
1	钳身	1	HT200	

机用虎钳装配

制图			比例	
审核			重量	

图 7-100　调整气泡

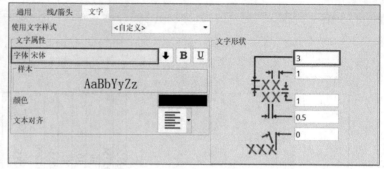

图 7-101 设置标注样式

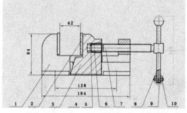

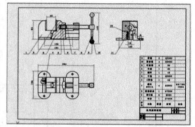

图 7-102 标注三个视图

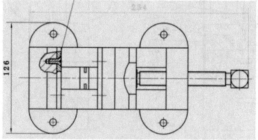

图 7-103 修改第二个视图中的标注

修改"设置"下的公差形式为"配合公差" ，如图 7-105c 所示，并将公差值设定为 H9 与 d9，如图 7-105d 所示；最后单击"确定"按钮 ✓，结果如图 7-105e 所示。

步骤 5 插入注释。单击"标注"工具栏上的"注释"→"注释"按钮 📝，打开"注释"窗口，在"文字"框内输入"A"，字体设置为"宋体"，文字高度设置为"3"，单击第一个视图右边两点，单击"确定"按钮 ✓，如图 7-106 所示。

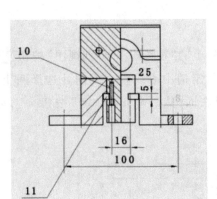

图7-104　修改第三个视图中的标注

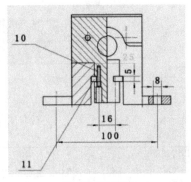

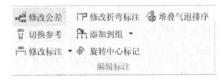

(a) 执持命令　　　　　　　　(b) 选择修改对象

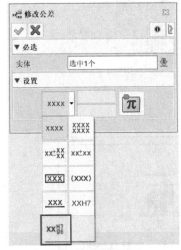

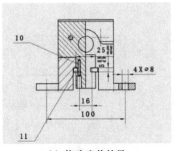

(c) 设置配合公差　　　　(d) 输入配合公差值　　　　(e) 修改公差结果

图7-105　修改公差

　　步骤6　插入文字。单击"绘图"工具栏上的"绘图"→"文字"按钮 A，打开"文字"窗口，选择"在文字点" A，在"文字"框内输入"B-B(拆去8、9、10)"，在"文字属性"中将字体设置为"宋体"，文字高度设置为"3"，将"B-B(拆去8、9、10)"放置到第三个视图上方，单击"确定"按钮

207

所示。选择"全剖视图"单击鼠标右键,在快捷菜单中单击"隐藏" 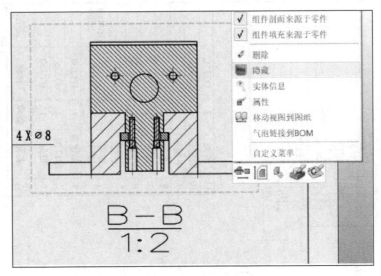,不显示全剖视图,如图7-109 所示。

图 7-109　隐藏全剖视图

步骤8　编辑剖切符号。双击第一个视图中的剖切线"B",打开"属性"窗口,在"通用"选项卡的"箭头"区域内选择第一种类型 ,在"文字"选项卡下将字体设置为"宋体",文字高度设置为"3",最后单击"确定"按钮 ,如图 7-110 所示。

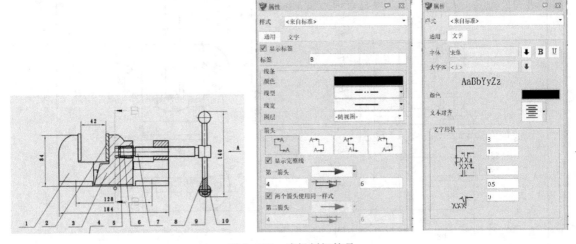

图 7-110　编辑剖切符号

步骤9　调整工程图。按照国标与图样要求对机用虎钳装配体的 2D 工程图进行调整,如图7-111 所示。

步骤10　保存文件,退出工程图。

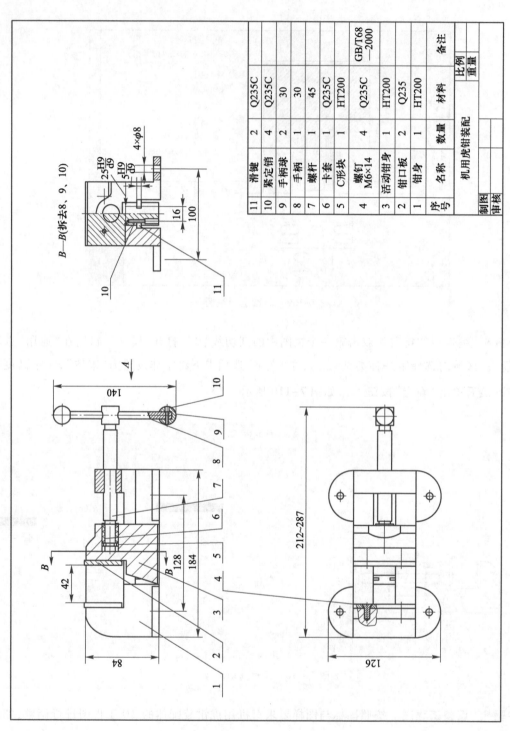

B—B(拆去8、9、10)

11	滑键	2	Q235C	
10	紧定销	4	Q235C	
9	手柄球	2	30	
8	手柄	1	30	
7	螺杆	1	45	
6	卡套	1	Q235C	
5	C形块	1	HT200	
4	螺钉M6×14	4	Q235C	GB/T68—2000
3	活动钳身	1	HT200	
2	钳口板	2	Q235	
1	钳身	1	HT200	
序号	名称	数量	材料	备注
机用虎钳装配			比例	
			重量	
制图				
审核				

图 7-111　调整工程图

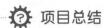 项目总结

　　本项目介绍了中望 3D 软件中 2D 工程图创建的一般方法,重点学习视图的投影、全剖视图、局部剖视图、局部视图及视图中尺寸的标注方法,几何公差、基准特征的创建,重点介绍了尺寸的编辑、标注文字大小的修改等功能。还介绍了装配工程图的视图投射方式,力求合理、全面地表达工程视图。工程图作为工程师之间的一种交流语言,是十分重要的,工程图的表达应准确、规范,在学习中还应结合机械制图所学的知识进行本项目内容的练习。

【精神传承】

　　"工匠精神"就是努力把事情做到最好、把技术做成艺术。有"工匠精神"的人会将精益求精视作一种信仰,力争做到尽善尽美,绝不会浅尝辄止,更不会敷衍应付,对产品和管理的任何细节都充满了近乎狂热的苛刻,没有最好、只有更好是他们永远的追求。这种精神是早在古代就流淌在人们的血液中的,当然更是我们这个时代所需要的。

　　工匠精神也许不仅仅体现在个人身上,它还可以是一个民族几百代人的精神象征。我们在博物馆中,常惊异于那些出土文物的巧夺天工,不由心生对一代代匠人技术愈发精湛的佩服。从石器、铁器到青铜器、玉器,从兵马俑、唐三彩到青瓷、元青花,文物的精美程度能有如此大的进步,都是一代代冶炼烧制工匠追求完美、精益求精的结晶,如图 7-112、图 7-113 所示。但是,在我们生活的这个快速发展的社会,传承工匠精神已不仅仅是"众工匠"的任务,而是我们每个人都应该努力达到的目标。本项目我们学习的是工程图的创建,为工程技术人员之间的一种交流语言,设计者展现其理论,操作者凭借的依据,故工程图的表达必须要做到准确、规范,工程技术人员也要时刻将精益求精的工匠精神传承下去。

图 7-112　曾侯乙编钟支架底座

图 7-113　木槎葫芦架玉石仙人景

项目实战

【强化训练】

1. 创建模板

创建一个自定义的 A3 横向的模板文件,标题栏如图 7-114 所示。

2. 创建 2D 零件工程图

另外,创建如图 7-115c 所示零件模型后,将 3D 零件模型转换为 2D 零件工程图。

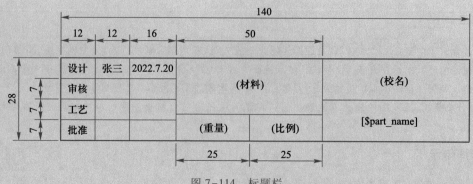

图 7-114　标题栏

设计	张三	2022.7.20	(材料)		(校名)
审核					
工艺			(重量)	(比例)	[$part_name]
批准					

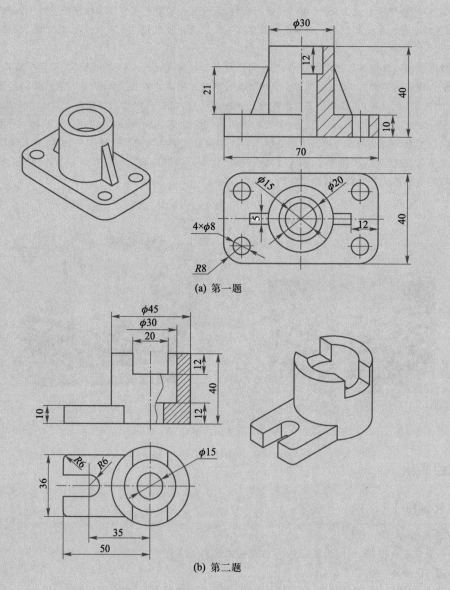

(a) 第一题

(b) 第二题

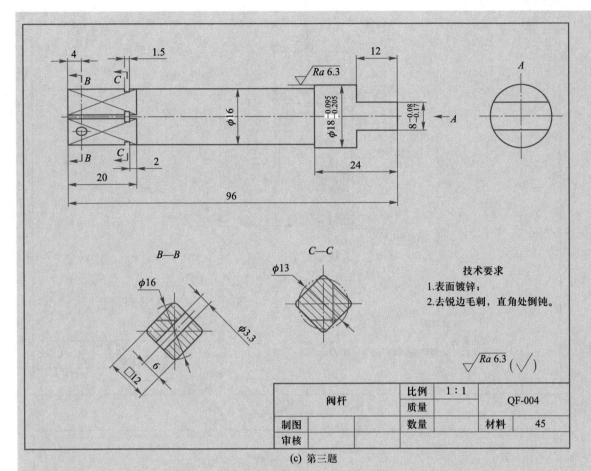

技术要求
1.表面镀锌；
2.去锐边毛刺，直角处倒钝。

$\sqrt{Ra\ 6.3}$

阀杆		比例	1：1		
		质量		QF-004	
制图		数量		材料	45
审核					

(c) 第三题

图 7-115　尺寸图

【企业案例】

按照滑动轴承每个配件的零件图创建零件模型，如图 7-117～图 7-120 所示；创建滑动轴承装配体，如图 7-116 所示，并在 3D 装配体的基础上转换为 2D 装配工程图，如图 7-121 所示。

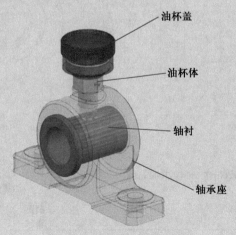

油杯盖
油杯体
轴衬
轴承座

图 7-116　滑动轴承装配体

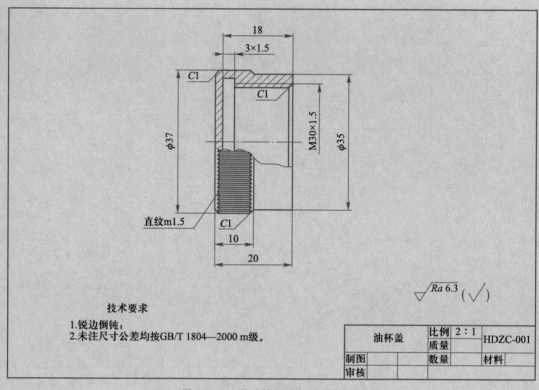

技术要求

1.锐边倒钝；
2.未注尺寸公差均按GB/T 1804—2000 m级。

$\sqrt{Ra\,6.3}\ (\sqrt{\ })$

油杯盖	比例	2∶1	HDZC-001
	质量		
制图		数量	材料
审核			

图 7-117　滑动轴承油杯盖零件图

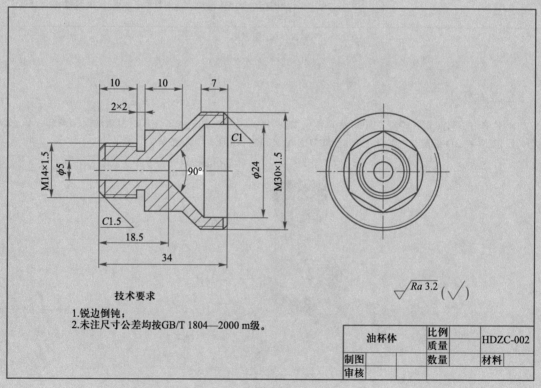

技术要求

1.锐边倒钝；
2.未注尺寸公差均按GB/T 1804—2000 m级。

$\sqrt{Ra\,3.2}\ (\sqrt{\ })$

油杯体	比例		HDZC-002
	质量		
制图		数量	材料
审核			

图 7-118　滑动轴承油杯体零件图

214

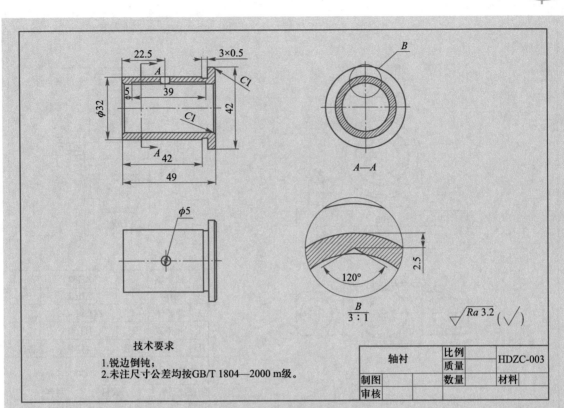

图 7-119　滑动轴承轴衬零件图

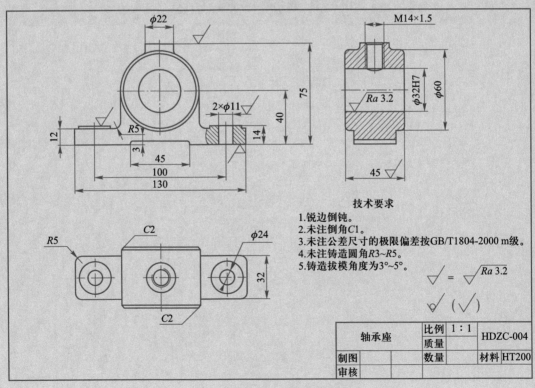

图 7-120　滑动轴承轴承座零件图

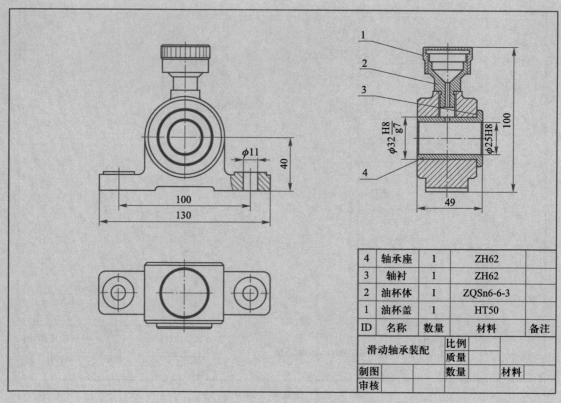

4	轴承座	1	ZH62	
3	轴衬	1	ZH62	
2	油杯体	1	ZQSn6-6-3	
1	油杯盖	1	HT50	
ID	名称	数量	材料	备注

滑动轴承装配	比例		
	质量		
制图		数量	材料
审核			

图 7-121　滑动轴承装配工程图

项目 八

综合实训

⚙ 【学习指南】

本项目综合应用二维草图绘制、实体建模、曲面建模等技巧完成截止阀和钻模各零件设计,通过软件装配功能确定各零件间的相互位置关系,约束后完成装配任务,通过干涉检查功能检查零件设计的合理性,进行修正并创新设计。此外,通过钻模轴加工学习数控车功能的应用,通过数控铣加工验证学习数控铣功能的应用。

通过本项目的学习,大家可以掌握机械产品设计和制造的大致流程,方便大家掌握有效的知识点和技能点,为将来从事机械设计与制造工作打下基础。

⚙ 【思维导图】(图 8-1)

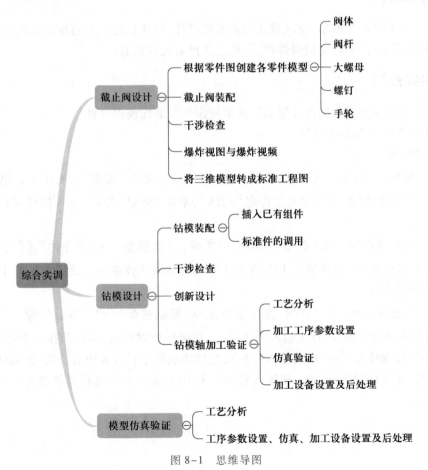

图 8-1 思维导图

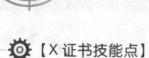

【X证书技能点】

- 机械零部件数字化模型设计。
- 装配体动画仿真,检查产品功能是否达到设计要求。
- 根据工作任务要求,正确设置车削、铣削加工坯料模型,并设置工件坐标系。
- 能理解零件的结构特征,设置加工曲面、斜面等特征的刀具及刀具参数。
- 能依据零件图样信息,设置加工曲面、斜面等特征的轨迹参数并生成刀具轨迹。
- 能正确调试各刀具参数,通过刀具轨迹仿真,验证程序的正确性。
- 能根据工作任务要求,选用合适的后置处理,生成数控车削、铣削加工程序。
- 能依据不同数控操作系统及工作任务要求,运用后置处理器,输出数控加工程序。
- 能依据数字化产品存储相关的国家标准,根据工作任务要求,对模型文件及加工程序进行正确保存。

任务一　截止阀设计

【任务描述】

根据图 8-2 ~ 图 8-7 所示,完成截止阀各零件设计,利用自底向上的设计方法完成截止阀装配,检查装配体是否有干涉,完成爆炸视图、截止阀拆装过程仿真。

【任务实施】

本设计采用单独的对象文件分别创建各零件模型和装配模型文件。

1. 根据零件图创建零件模型

（1）创建阀体

步骤 1　新建文件。单击系统工具栏上的"新建对象文件"按钮 ，或在主菜单中选择"文件→新建"。类型选择"零件",输入文件名"阀体",单击"确定"按钮,进入创建零件模式,如图 8-8 所示。

步骤 2　创建圆柱体。在"造型"选项卡中选择"基础造型"→"圆柱体" 命令,中心输入 (-51,0,0),半径输入 24,长度输入 102,对齐 *YOZ* 面,将圆柱体的中心放置在原点上,按鼠标中键确认,如图 8-9 所示。

步骤 3　创建长方体。在"造型"选项卡中选择"基础造型"→"六面体" 命令,采用"中心-高度"的方式创建六面体,点 1 输入(0,0,24),按鼠标中键确认,将六面体的中心放置在原点上;点 2 拖动鼠标到任意位置;高度输入-48,使坐标原点处于长方体中心位置,按鼠标中键确认。长方体的长度、宽度均设为 64 mm,创建参数如图 8-10 所示。然后选择布尔加运算,布尔造型选择圆柱体。

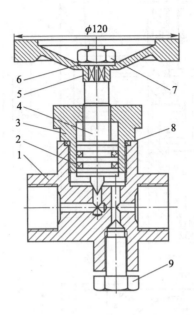

阀体外形
建模

阀体内部
结构建模

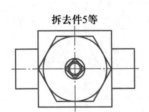

拆去件5等

9	螺钉	1	45	
8	密封圈	1	橡胶	
7	螺母M12	1	04级	GB/T 6170—2015
6	垫圈12	1	200HV级	GB/T 97.1—2002
5	手轮	4	45	
4	阀杆	1	45	
3	大螺母	1	45	
2	密封圈	2	橡胶	
1	阀体	1	HT200	
序号	名称	数量	材料	备注
截止阀		比例		质量	
		共张		第张	

图 8-2 截止阀装配图

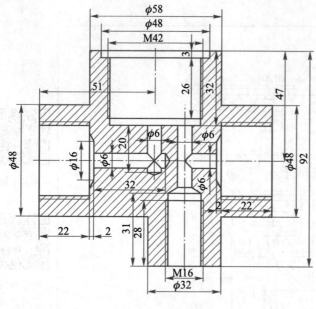

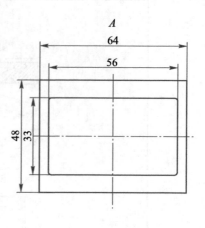

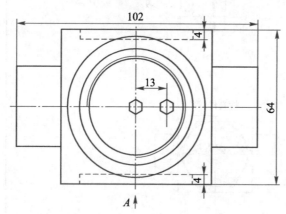

图 8-3　阀体

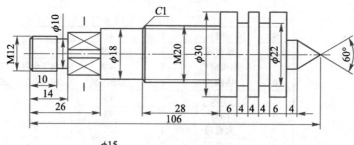

图 8-4　阀杆

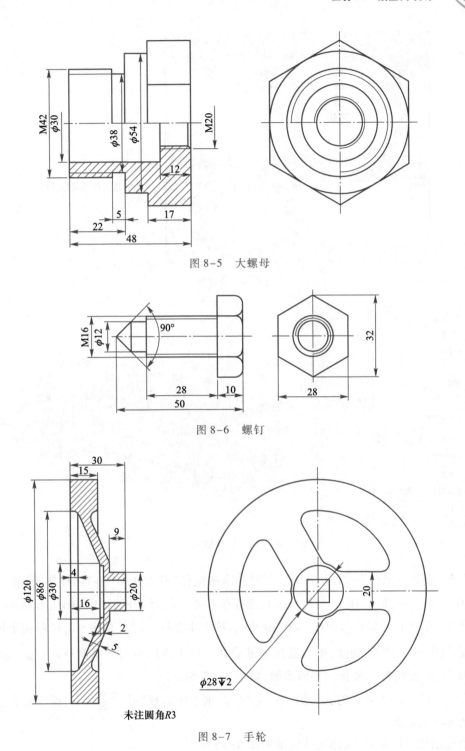

图 8-5 大螺母

图 8-6 螺钉

未注圆角R3

图 8-7 手轮

步骤 4 创建上部分圆柱体。在"造型"选项卡中选择"基础造型"→"圆柱体"命令,中心输入(0,0,24),半径输入 29,长度输入 23,将圆柱体的中心放置在长方体上表面中心,选择布尔加运算,单击鼠标中键确认,如图 8-11 所示。

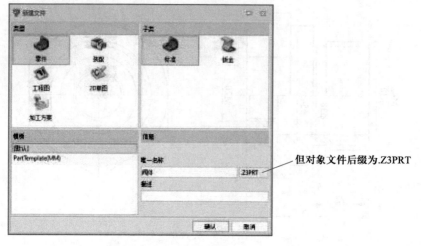

图 8-8 新建文件

但对象文件后缀为.Z3PRT

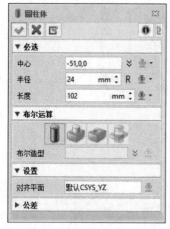

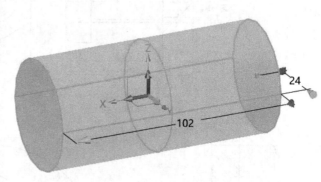

24

102

图 8-9 创建圆柱体

步骤 5 创建下部分圆柱体。在"造型"选项卡中选择"基础造型"→"圆柱体" 命令,中心输入(-13,0,-24),半径输入 16,长度输入-21,选择布尔加运算,单击鼠标中键确认,如图 8-12 所示。

步骤 6 创建长方体前后凹槽。在"造型"选项卡中选择"草图"命令 ,选择前平面作为基准面绘制草图,然后拉伸、切除,单击鼠标中键确认。后平面凹槽利用镜像特征 命令创建,选择 XOZ 平面为镜像面,镜像前平面凹槽,如图 8-13 所示。

步骤 7 打孔。以 M42 的孔为例,在"造型"选项卡中选择"孔" 命令,螺纹孔参数设置及结果如图 8-14 所示。

其余孔创建方法相同,阀体建模效果如图 8-15 所示。

完成阀体造型后,保存并退出零件。

(2) 创建阀杆

步骤 1 新建文件。在"新建文件"窗口中选择类型为"零件",输入文件名"阀杆",单击"确定"按钮,进入创建零件模式。

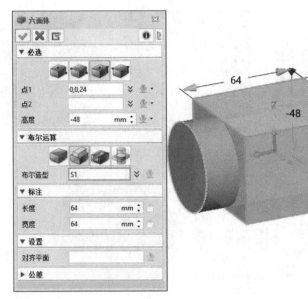

阀杆建模

图 8-10 创建长方体

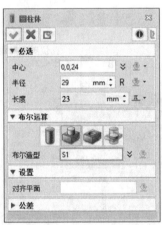

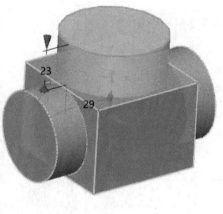

图 8-11 创建上部分圆柱体

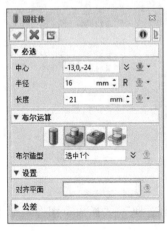

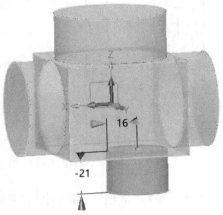

图 8-12 创建下部分圆柱体

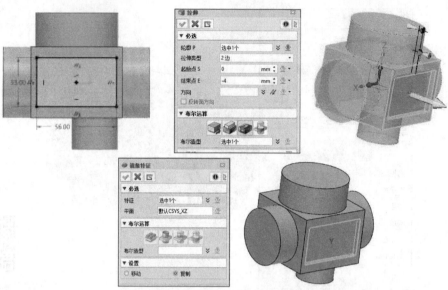

图 8-13 创建长方体前后凹槽

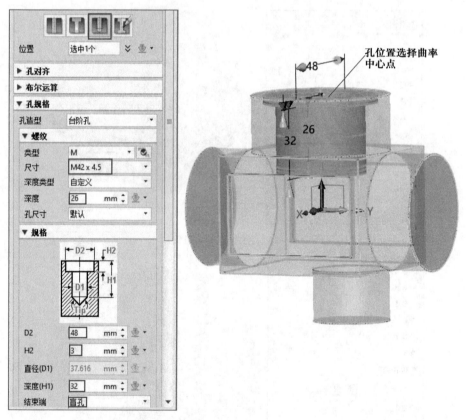

图 8-14 打孔

步骤 2 绘制草图。选择"造型"选项卡中的"基础造型"→"插入草图" 命令,草绘平面为 "XZ",选择"草图"→"绘图" 工具,绘制草图并标注尺寸如图 8-16 所示,然后退出草图。

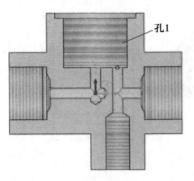
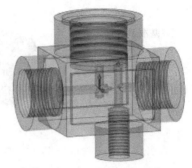

图 8-15　阀体建模效果

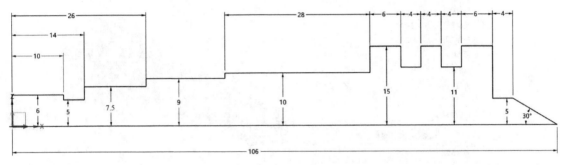

图 8-16　绘制草图

步骤 3　旋转成形。选择"造型"选项卡中的"基础造型"→"旋转" ，选 X 轴为旋转轴，旋转 360°，如图 8-17 所示。也可选用基本圆柱体一段段叠加形成阀杆基体。

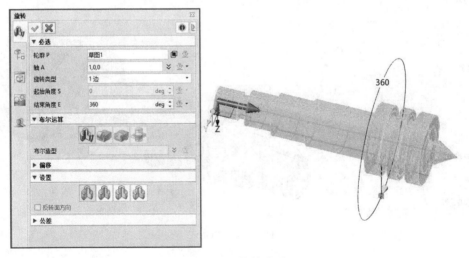

图 8-17　旋转成形

步骤 4　去除多余材料。选择如图 8-18 所示的端面为基准面创建草图，然后退出。选择"造型"选项卡下的"基础造型"→"拉伸" ，进行布尔减运算，将草图拉伸长度为 13，得到阀杆。

项目八 综合实训

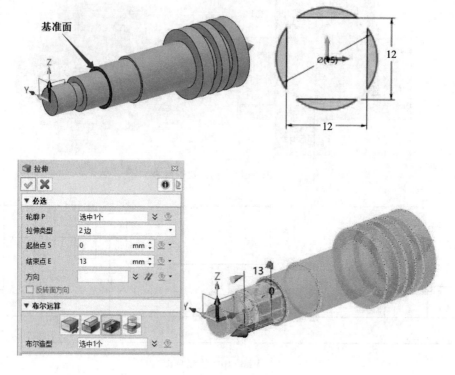

图 8-18 去除多余材料

步骤 5 倒角。选择"造型"选项卡中的"工程特征"→"倒角"□命令,为阀杆添加倒角,如图 8-19 所示。

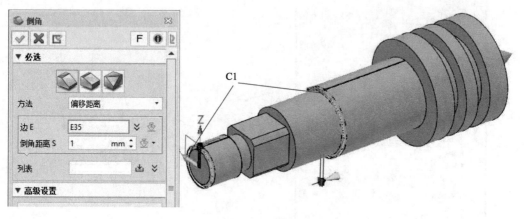

图 8-19 倒角

步骤 6 标记外螺纹。选择"造型"选项卡中的"工程特征"→"标记外螺纹"□□命令,为阀杆添加两处螺纹,如图 8-20 所示。

完成阀杆造型后,保存并退出零件。

(3)创建大螺母

步骤 1 新建文件。在"新建文件"窗口中选择类型为"零件",输入文件名"大螺母",单击

"确定"按钮,进入创建零件模式。

图 8-20 标记外螺纹

步骤 2 绘制草图。选择"造型"选项卡中的"基础造型"→"插入草图" 命令,草绘平面为"YZ",选择"草图"→"正多边形" 工具,绘制草图并标注尺寸如图 8-21 所示,然后退出草图。

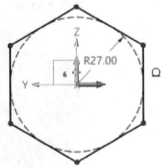

大螺母建模

图 8-21 绘制草图

步骤 3 拉伸大螺母头部。选择"造型"选项卡中的"基础造型"→"拉伸" 命令,选择轮廓为上图绘制草图,拉伸长度为 17,完成螺栓头部拉伸,如图 8-22 所示。

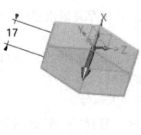

图 8-22 拉伸大螺母头部

步骤 4　创建圆柱体。选择"造型"选项卡中的"基础造型"→"圆柱体" 命令,各部分尺寸参数设置如图 8-23 所示。

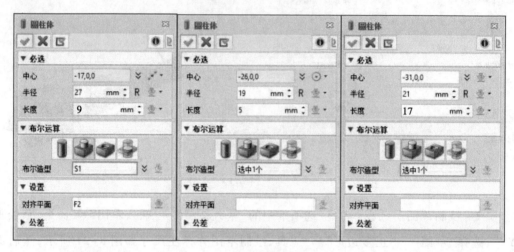

圆柱体1参数　　　　　　　　圆柱体2参数　　　　　　　　圆柱体3参数

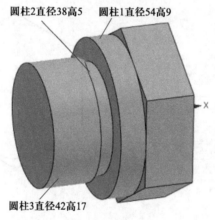

图 8-23　创建圆柱体

步骤 5　标记外螺纹。选择"造型"选项卡中的"工程特征"→"标记外螺纹" ,为大螺母添加螺纹,如图 8-24 所示。

步骤 6　打螺纹孔。选择"造型"选项卡中的"孔" 命令,螺纹孔参数设置如图 8-25 所示。完成大螺母造型后,保存并退出零件。

（4）创建螺钉

步骤 1　新建文件。在"新建文件"窗口中选择类型为"零件",输入文件名"螺钉",单击"确定"按钮,进入创建零件模式。

螺钉建模可以参照大螺母。

步骤 2　绘制草图。选择"造型"选项卡中的"基础造型"→"插入草图" 命令,草绘平面为"YZ",选择"草图"→"正多边形" 工具,绘制草图并标注尺寸如图 8-26 所示,退出草图。

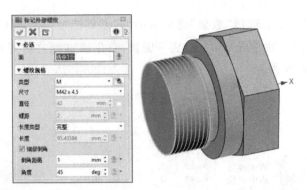

螺钉建模

图 8-24　标记外螺纹

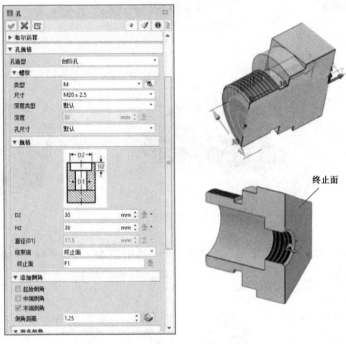

图 8-25　打螺纹孔

步骤 3　拉伸螺钉头部。选择"造型"选项卡下的"基础造型"→"拉伸" 命令,选择轮廓为上图绘制草图,拉伸长度为 10,完成螺栓头部建模,如图 8-27 所示。

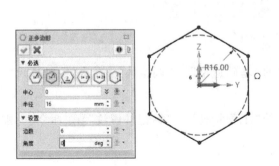

图 8-26　绘制草图

图 8-27　拉伸螺钉头部

步骤4 螺钉头部倒角。选择"造型"选项卡中的"基础造型"→"旋转"命令,选择"XY"面绘制草图,草图直线绕X轴旋转360°,形成一圆锥面,用圆锥面修剪螺栓头部六棱柱,完成螺钉头部建模,如图8-28所示。

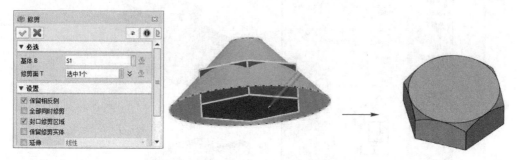

图8-28　螺钉头部倒角

步骤5 创建圆柱体。选择"造型"选项卡中的"基础造型"→"圆柱体"命令,各部分尺寸参数设置如图8-29所示。

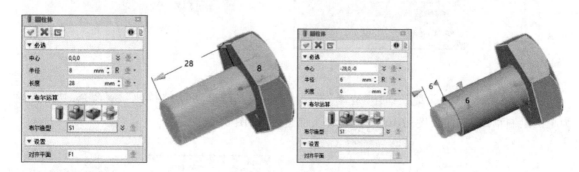

图8-29　创建圆柱体

步骤6 创建圆锥体。选择"造型"选项卡中的"基础造型"→"圆锥体"命令,圆锥体尺寸参数设置如图8-30所示。

步骤7 标记外螺纹。选择"造型"选项卡中的"工程特征"→"标记外螺纹"命令,为螺钉添加螺纹,如图8-31所示。

完成螺钉造型后,保存并退出零件。

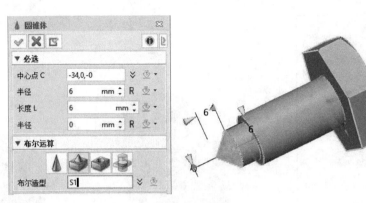

图 8-30 创建圆锥体

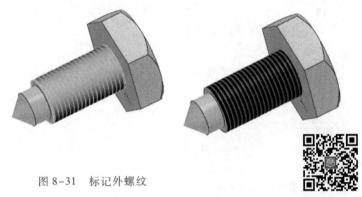

图 8-31 标记外螺纹

手轮建模

（5）创建手轮

步骤 1 新建文件。 在"新建文件"窗口中选择类型为"零件"，输入文件名"手轮"，单击"确定"按钮，进入创建零件模式。

步骤 2 绘制草图。 选择"造型"选项卡中的"基础造型"→"插入草图"命令，草绘平面为"XZ"，选择"草图"→"绘图"工具，绘制草图并标注尺寸如图 8-32 所示，然后退出草图。

步骤 3 旋转生成手轮基体。 选择"造型"选项卡中的"基础造型"→"旋转"命令，旋转手轮草图绕 X 轴旋转 360°，生成手轮基体，如图 8-33 所示。

步骤 4 打 $\phi28$ 的孔。 选择"造型"选项卡中的"孔"命令，切出 $\phi28$ 深度为 2 的孔，如图 8-34 所示。

步骤 5 打 12×12 方孔。 选择"造型"选项卡中的"基础造型"→"拉伸"命令，以右端面为基准面，端面中心为中点，绘制 12×12 的正方形草图，然后退出草图，进行布尔减运算切出方孔，如图 8-35 所示。

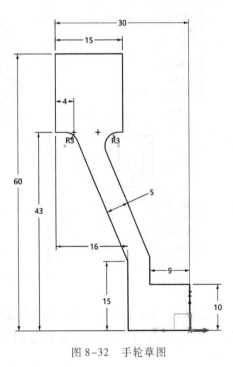

图 8-32 手轮草图

231

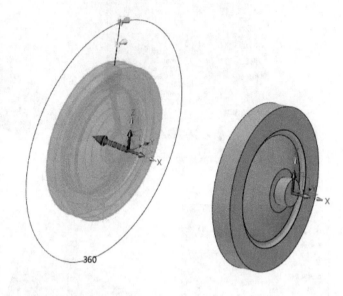

图 8-33　旋转生成手轮基体

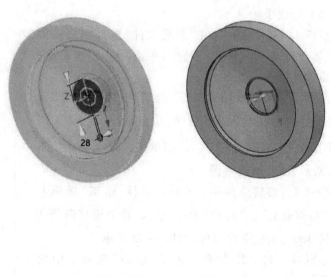

图 8-34　打 $\phi28$ 的孔

步骤 6　切出轮辐。选择"造型"选项卡中的"基础造型"→"拉伸" :命令,切除多余部分形成轮辐,以"YZ"面为基准面绘制草图,退出后进行布尔减运算切出轮辐孔,如图 8-36 所示。

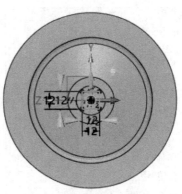

图 8-35　打 12×12 方孔

步骤 7　圆角处理。技术要求未注圆角为 $R3$，给手轮增加工艺圆角后的效果如图 8-37 所示。

完成手轮造型后，保存并退出零件。

本案例主要完成了截止阀各个零件的建模，目的是复习、巩固中望 3D 软件的草绘方法、实体建模方法，为进一步进行装配内容的学习打好基础。到此各零件建模任务完成，下面进行零件装配。

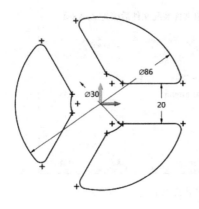

图 8-36 切出轮辐

2. 截止阀装配——自底向上法

　　步骤1 新建装配。选择类型为"装配",并将其命名为"截止阀装配",如图 8-38 所示。

　　步骤2 插入阀杆。选择"装配"选项卡中的"组件"→"插入"命令(或单击鼠标右键,选择"插入组件"),在对象列表中选择"阀杆"组件,将它放置在任意位置,如图 8-39 所示。

　　步骤3 插入阀杆上两个密封圈。选择"装配"选项卡中的"组件"→"插入"命令,在对象列表中选择"密封圈"组件,将它放置在远离阀杆的某个位置,如图 8-40a 所示。

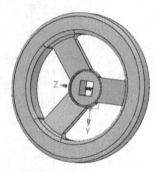

图 8-37 手轮造型效果

截止阀装配
(一)

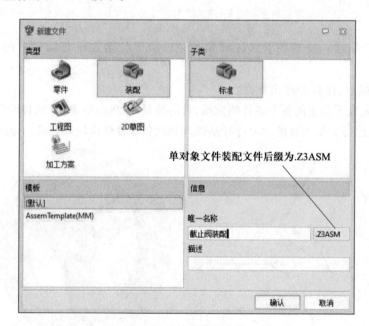

图 8-38 新建装配文件

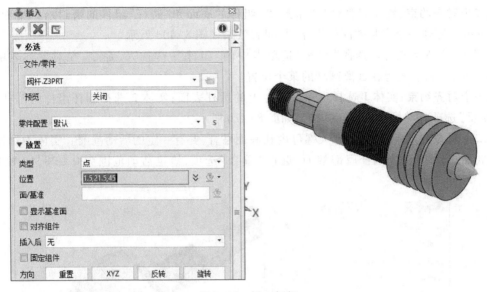

图 8-39　插入阀杆

　　第一个对齐约束：实体 1 选择密封圈的外圆柱表面；实体 2 选择阀杆组件的内圆柱表面；选择"相反"选项，这时组件反转其方向，如图 8-40b 所示。

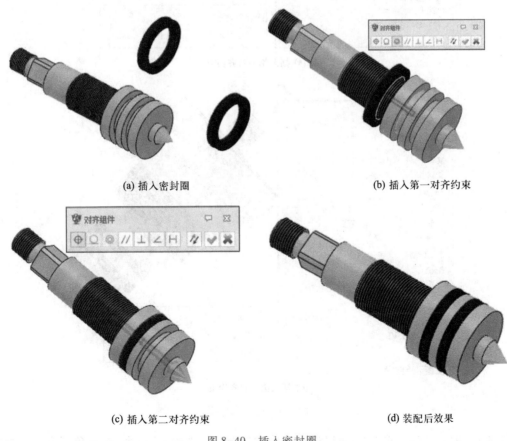

(a) 插入密封圈　　　　　　　　　　　　(b) 插入第一对齐约束

(c) 插入第二对齐约束　　　　　　　　　　(d) 装配后效果

图 8-40　插入密封圈

第二个对齐约束:现在需要对齐"密封圈"组件的底面和"阀杆"组件的密封槽侧平面,如图8-40c所示。另外一个密封圈同样操作,装配后效果如图8-40d所示。

步骤4 插入大螺母。选择"装配"选项卡中的"组件"→"插入"命令,在对象列表中选择"大螺母"组件,将它放置在远离阀杆的某个位置。

第一个对齐约束:实体1选择大螺母组件上的圆柱表面;实体2选择阀杆组件的圆柱表面;选择"相反"选项,这时组件反转其方向,如图8-41a所示。

第二个对齐约束:设置螺杆和大螺母内孔底面贴合,并有一定的活动范围。实体1选择大螺母内孔底面;实体2选择阀杆肩部端面,选择"重合"选项,给定活动范围为0~28,如图4-41b所示。

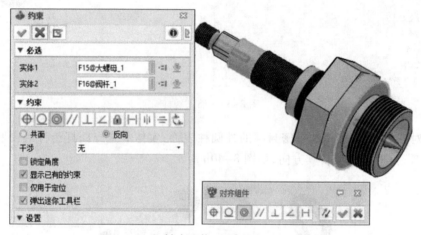

(a) 插入第一对齐约束

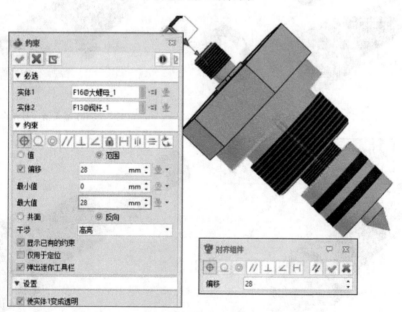

(b) 插入第二对齐约束

图8-41 插入大螺母

步骤5 插入阀体。选择"装配"选项卡中的"组件"→"插入"命令,在对象列表中选择"阀体"组件,将它放置在(0,0,0)固定位置。

步骤6　插入大螺母处密封圈。选择"装配"选项卡中的"组件"→"插入"命令,在对象列表中选择"大螺母密封圈"组件,将它放置在某个位置。

第一个对齐约束:实体1选择大螺母密封圈组件上的圆柱表面;实体2选择大螺母组件的上圆柱表面;选择"相反"选项,这时组件反转其方向,如图8-42a所示。

第二个对齐约束:设置密封圈和阀体上部内孔底面贴合。实体1选择密封圈底面;实体2选择阀体上部内孔底面,选择"重合"选项,如图8-42b所示。

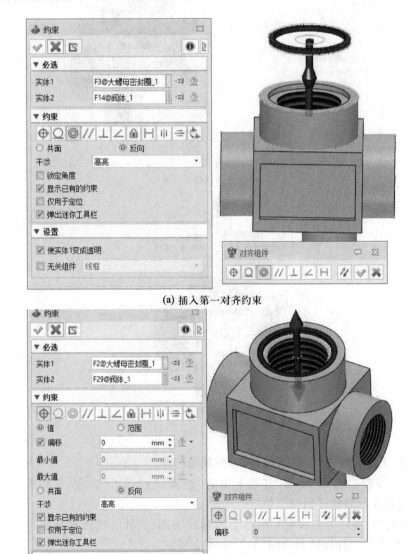

(a) 插入第一对齐约束

(b) 插入第二对齐约束

图8-42　插入密封圈

步骤7　将螺杆插入阀体。选择"装配"选项卡中的"约束"→"约束组件和实体"命令。

第一个对齐约束:实体1选择大螺母组件上的圆柱表面;实体2选择阀体组件上圆柱的表面;选择"相反"选项,这时组件反转其方向,如图8-43a所示。

第二个对齐约束：设置大螺母上面和阀体上圆柱顶面贴合。实体1选择大螺母上面；实体2选择阀体上圆柱顶面，选择"重合"选项，如图8-43b所示。

截止阀装配
（二）

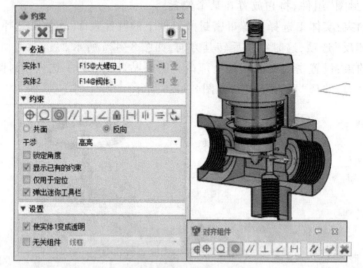

(a) 插入第一对齐约束

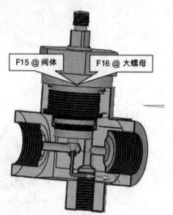

(b) 插入第二对齐约束

图8-43　将螺杆插入阀体

为观察方便，采用剖面视图，只剖阀体，排除其他组件。

步骤8　插入螺钉。选择"装配"选项卡中的"组件"→"插入"命令，从对象列表中选择"螺钉"组件，将它放置在远离阀杆的某个位置。

第一个对齐约束：实体1选择螺钉组件上的圆柱表面；实体2选择阀体组件下圆柱的表面；选择"相反"选项，这时组件反转其方向，如图8-44a所示。

第二个对齐约束：设置螺钉头部底面和阀体下圆柱顶面贴合。实体1选择螺钉头部底面；实体2选择阀体下圆柱顶面，选择"重合"选项，给定活动范围为0～14 如图8-44b所示。

步骤9　插入手轮。选择"装配"选项卡中的"组件"→"插入"命令，从对象列表中选择"手轮"组件，将它放置在某个位置。

第一个对齐约束：实体1选择手轮组件上的方孔侧平面；实体2选择阀杆组件上方柱部分的侧平面，如图8-45a所示。

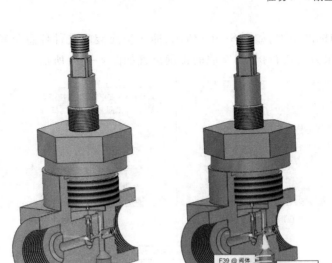

(a) 插入第一对齐约束　　　　(b) 插入第二对齐约束

图 8-44　插入螺钉

　　第二个对齐约束：实体 1 选择手轮组件上的方孔第一对齐面相邻侧平面；实体 2 选择阀杆组件上方柱部分第一对齐面相邻侧平面，如图 8-45b 所示。

　　第三个对齐约束：设置手轮底面平面和阀杆轴肩面贴合。实体 1 选择手轮底面平面；实体 2 选择阀杆轴肩面，选择"重合"选项，如图 8-45c 所示。

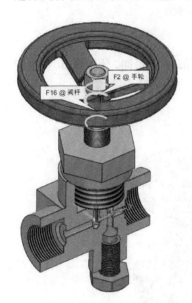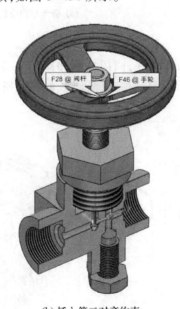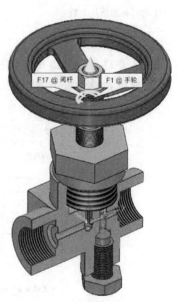

(a) 插入第一对齐约束　　　(b) 插入第二对齐约束　　　(c) 插入第三对齐约束

图 8-45　插入手轮

　　步骤 10　调入垫片。打开"文件浏览"，选择"重用库"，选择"GB"→"垫圈"→"平垫圈"，如图 8-46a 所示；从下方文件列表找到"平垫圈 GB_T97.1.23"，如图 8-46b 所示；打开后选择公称直径为 12 的标准垫圈,如图 8-46c 所示;插入当前装配文件任意位置,然后利用和步骤 6 中密封圈同样的约束方法进行操作,安放的正确位置如图 8-46d 所示。

截止阀装配
（三）

 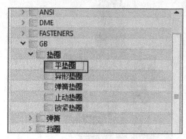

(a) 重用库

(b) 文件列表

(c) 选择标准垫片参数

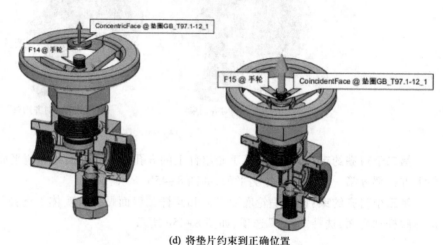

(d) 将垫片约束到正确位置

图 8-46　调入垫片

步骤 11　插入螺母。 螺母为标准件,调用方法和调用平垫圈的方法相同,具体操作参考步骤 9,螺母参数设置如图 8-47a 所示;装配完成图如图 8-47b 所示。

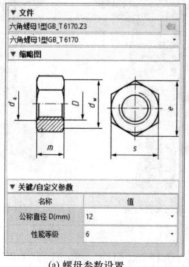

(a) 螺母参数设置

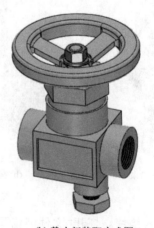

(b) 截止阀装配完成图

图 8-47　插入螺母

至此,截止阀的整个装配过程基本结束,如有必要的话还可以对完成的装配进行干涉检查。

3. 干涉检查

选择"装配"选项卡中的"查询"→"干涉检查" 命令,可以选择需要进行干涉检查的组件;勾选"保留干涉结果",单击选项下的"干涉检查"查看消息窗口的干涉信息。

如选择截止阀所有组件,那么,如图4-48所示。从结果可以看出,此截止阀共有四处干涉,均为螺纹配合的合理干涉,所以此设计不需要修正组件设计参数。

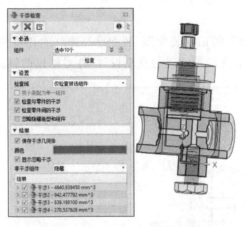

截止阀装配
干涉检查

图8-48 截止阀装配干涉检查结果

4. 爆炸视图与爆炸视频

选择"装配"选项卡中的"爆炸视图" 命令,可以选择自动爆炸,进行炸开配置后,组件的位置不一定是用户所需要的,可能需移动一些组件调整它们的间距。

可以采用添加爆炸步骤的方式,利用平移、旋转、径向三种方式,将各组件都移到合适的位置,得到所需的炸开视图,如图8-49所示。

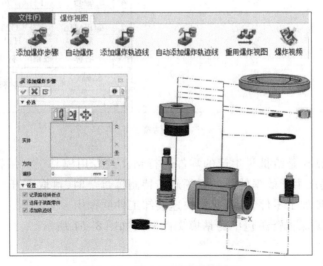

爆炸视图和
爆炸视频

图8-49 截止阀装配爆炸视图

还可以利用"爆炸视频" 命令,把爆炸过程录成视频,更好地展示拆装过程。

5. 将三维模型转成标准工程图

此任务请参照所给工程图自行完成。

任务二　钻模设计

【任务描述】

如图 8-50 所示,根据给定的钻模装配图,装配已经建好的各零件,检查找到设计不合理的零件,采用至顶而下的方法对不合理零件进行重新设计,并对钻模的轴进行加工编程。

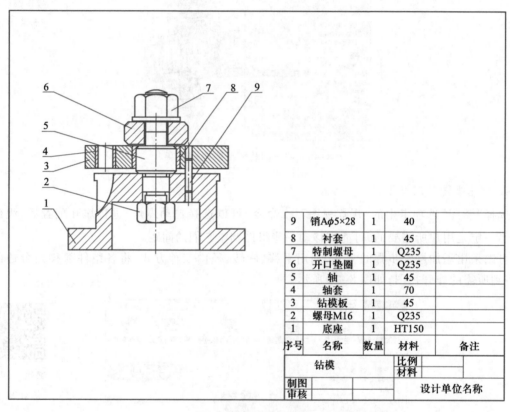

9	销Aφ5×28	1	40	
8	衬套	1	45	
7	特制螺母	1	Q235	
6	开口垫圈	1	Q235	
5	轴	1	45	
4	轴套	1	70	
3	钻模板	1	45	
2	螺母M16	1	Q235	
1	底座	1	HT150	
序号	名称	数量	材料	备注

钻模		比例	
		材料	
制图			设计单位名称
审核			

图 8-50　钻模装配图

钻模工作原理:钻模是给批量生产的零件进行钻孔的专用模具。利用钻模可以达到准确定位、快速钻孔,从而提高生产效率的目的。等旋转特制螺母 7 时,可取下开口垫圈 6,接着拿下钻模板后,就可以取出被加工零件,从而起到快速装卸工件的作用。

已有零件模型(见课程资源包中的钻模文件夹),如图 8-51 所示。

【任务实施】

本任务已创建文件名为"钻模 . Z3"的多对象文件(见教材配套资源),包含各零件模型,现生成装配模型文件。

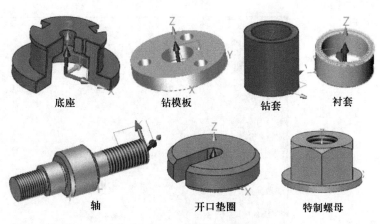

图 8-51 已有零件模型

1. 钻模装配

钻模的独立零件均已构建好,现在主要采用自底向上的方法装配。

步骤 1 打开文件。选择文件"钻模.Z3",可以看到已建好的钻模各零件模型文件,如图 8-52 所示。

钻模装配(一)

图 8-52 打开文件

步骤 2 新建文件。在"钻模.Z3"文件内,创建文件"钻模装配"。如图 8-53a 所示,单击"+"号新增文件;也可以单击"根目录"→"零件/装配" ⚙ 命令,弹出新建[零件],输入文件名"钻模装配"如图 8-53b 所示。

步骤 3 插入底座。选择"装配"选项卡中的"组件"→"插入"命令(或单击鼠标右键,选择"插入组件"),从对象列表中选择"底座"组件,可以将它放置在坐标原点,如图 8-54 所示。

步骤 4 插入轴。选择"装配"选项卡中的"组件"→"插入"命令,从对象列表中选择"轴"组件,将它放置在远离阀杆的某个位置。

第一个对齐约束:实体 1 选择轴的外圆柱表面;实体 2 选择底座组件的内圆柱表面;选择"相反"选项,这时组件反转其方向,如图 8-55a 所示。

第二个对齐约束:对齐轴组件轴肩底面和底座组件的上表面,如图 8-55b 所示。

步骤 5 插入螺母。打开"文件浏览" 🖥,选择"重用库" 📚,选择"GB"→"螺母"→"六角螺母",如图 8-56a 所示;从下方文件列表找到"六角螺母 1 型 GB_T6170",如图 8-56b 所示;打

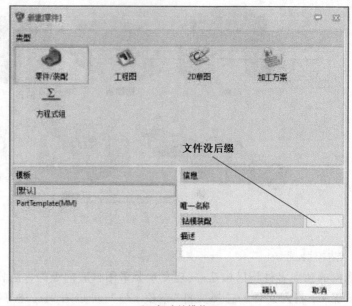

(a) 在对象文件中创建新文件　　　　(b) 新建钻模装配

图 8-53　新建文件

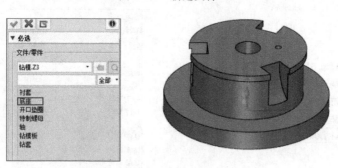

图 8-54　插入底座

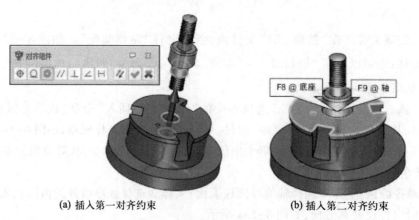

(a) 插入第一对齐约束　　　　　　(b) 插入第二对齐约束

图 8-55　插入轴

开螺母公称直径为 16 的螺母,如图 8-56c 所示;插入当前装配文件的任意位置,然后利同轴约束方法和面贴合进行正确约束,如图 8-56d 所示。

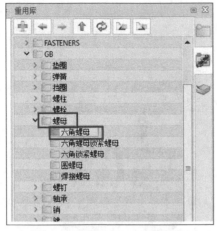

(a) 重用库

(b) 文件列表

(c) 选择标准垫片参数

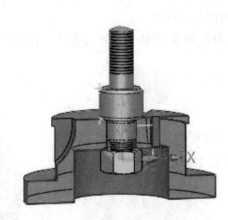

(d) 将螺母约束到正确位置

图 8-56　插入螺母

　　步骤 6　插入钻模板。选择"装配"选项卡中的"组件"→"插入"命令,从对象列表中选择"钻模板"组件,将它放置在远离底座的某个位置。

　　步骤 7　插入钻套。选择"装配"选项卡中的"组件"→"插入"命令,从对象列表中选择"钻模板"组件,将它放置在远离底座的某个位置。

　　步骤 8　钻套和钻模板装配。选择"装配"选项卡中的"组件"→"插入"命令,从对象列表中选择"钻套"组件,将它放置在远离钻模板的某个位置。

　　第一个对齐约束:实体 1 选择钻套组件上的外圆柱表面;实体 2 选择钻模板组件的圆柱孔表面,如图 8-57a 所示。

　　第二个对齐约束:实体 1 选择钻套的上表面;实体 2 选择钻模板组上表面,如图 8-57b 所示。

　　步骤 9　衬套和钻模板装配。选择"装配"选项卡中的"组件"→"插入"命令,从对象列表中选择"衬套"组件,将它放置在远离钻模板的某个位置。

(a) 插入第一对齐约束　　　　　(b) 插入第二对齐约束

图 8-57　钻套和钻模板装配

　　第一个对齐约束：实体 1 选择衬套组件上的外圆柱表面；实体 2 选择钻模板组件的中心圆柱孔内表面，如图 8-58a 所示。

　　第二个对齐约束：实体 1 选择衬套的上表面；实体 2 选择钻模板组上表面，如图 8-58b 所示。

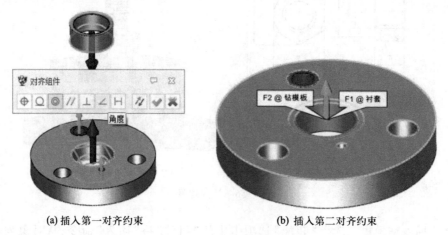

(a) 插入第一对齐约束　　　　　　　　(b) 插入第二对齐约束

图 8-58　衬套和钻模板装配

　　步骤 10　**将钻模板装到轴上。**

　　第一个对齐约束：实体 1 选择钻模板组件上的中心圆孔表面；实体 2 选择轴组件的上圆柱表面；选择"相反"选项，这时组件反转其方向，如图 8-59a 所示。

　　第二个对齐约束：设置钻模板上的销孔和底座上的销孔同轴。实体 1 选择钻模板销孔内表面；实体 2 选择底座销孔内表面，同轴约束，如图 8-59b 所示。

　　第三对齐约束：将装配好的钻模板装到轴上。钻模板和底座之间要装工件，钻孔位置确定但工件厚度可以有一定调整，所以钻模板下表面与底座上表面给定重合范围约束，如图 8-59c 所示。

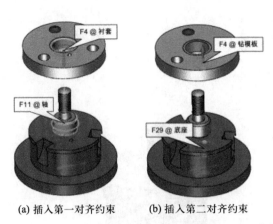
(a) 插入第一对齐约束　(b) 插入第二对齐约束

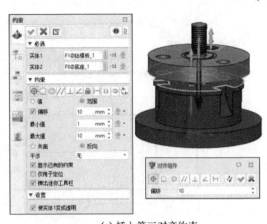
(c) 插入第三对齐约束

图 8-59　将钻模板装到轴上

步骤 11　插入销。打开"文件浏览"，选择"重用库"，选择"GB"→"销"→"圆柱销"，如图 8-60a 所示；从下方文件列表找到"圆柱销_不淬硬钢和奥氏体不锈钢 GB_T119.1.Z3"如图 8-60b 所示；选择公称直径为 5 的圆柱销，如图 8-60c 所示，插入当前装配文件任意位置，然后利用同轴约束方法进行约束，利用装配中的移动命令安放在正确位置，如图 8-60d 所示。

步骤 12　插入开口垫圈。

第一个对齐约束：实体 1 选择开口垫圈组件上的孔半圆柱表面；实体 2 选择轴组件的上圆柱表面；选择"相反"选项，这时组件反转其方向，如图 8-61a 所示。

第二个对齐约束：设置开口垫圈底面和钻模板上表面贴合。实体 1 选择开口垫圈下表面；实体 2 选择钻模板上表面，重合约束如图 8-61b 所示。

步骤 13　插入特制螺母。

第一个对齐约束：实体 1 选择特制螺母组件上的圆柱表面；实体 2 选择轴组件的上圆柱表面；选择"相反"选项，这时组件反转其方向，如图 8-62a 所示。

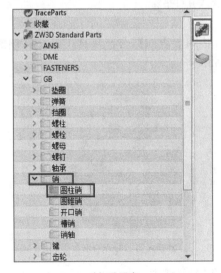

钻模装配（二）

(a) 重用库　　　　　　(b) 文件列表

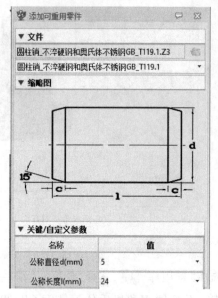

(c) 选择圆柱销　　　　　　(d) 将圆柱销约束到正确位置

图 8-60　插入销

(a) 插入第一对齐约束　　　　(b) 插入第二对齐约束

图 8-61　插入开口垫圈

第二个对齐约束：设置特制螺母底面和开口垫圈上表面贴合。实体 1 选择特制螺母下表面；实体 2 选择开口垫圈上表面，重合约束如图 8-62b 所示。

(a) 插入第一对齐约束　　　　(b) 插入第二对齐约束

图 8-62　插入特制螺母

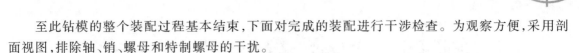

至此钻模的整个装配过程基本结束,下面对完成的装配进行干涉检查。为观察方便,采用剖面视图,排除轴、销、螺母和特制螺母的干扰。

2. 干涉检查

选择"装配"选项卡中的"查询"→"干涉检查" 🔩 命令,可以选择需要进行干涉检查的组件;勾选"保留干涉结果",单击选项下的"干涉检查",查看消息窗口的干涉信息。

如选择钻模所有组件,那么,如图8-63所示。从结果可以看出,此钻模共有三处干涉,1、2螺纹配合的干涉属于合理干涉,可以忽略,第3处发生了定位销与开口垫圈干涉,所以开口垫圈设计不合理,需要重新设计。

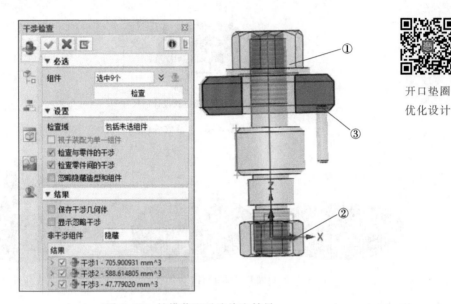

开口垫圈
优化设计

图8-63 钻模装配干涉检查结果

3. 对开口垫圈进行设计

(1)参数修改

分析可知,开口垫圈主要不合理参数有三个:

一是开口垫圈外径太大,现其外径为 $\phi60$,已干涉到钻模打孔工作和定位销,参照定位销位置距轴线的距离为24,现将开口垫圈外径设计成 $\phi47$ 即合理。

二是开口槽有些宽,槽宽为24,其所在位置轴径为 $\phi16$,现将开口垫圈槽宽设计成与轴之间有2 mm间隙比较合理,因此将槽宽改为18。

重新设计后的开口垫圈草图如图8-64a所示。

三是垫圈有些厚,厚度为16,现将厚度改为12比较合理。倒角仍为 $C3$,修改后尺寸如图8-64b所示。

(2)创新设计

为防滑可以在开口垫圈外增加网纹,如图8-65所示。重新设计后装配如图8-66所示。

另外定位销应选择单边销(菱形销),现重用库中没有,可以从外部库中调用。

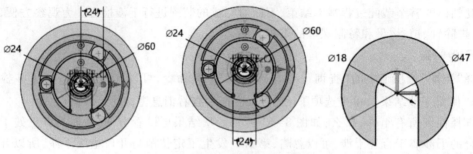

(a) 开口垫圈尺寸依据装配后其他零件来确定

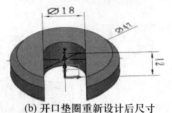

(b) 开口垫圈重新设计后尺寸

图 8-64　参数修改

图 8-65　开口垫圈创新设计　　　　图 8-66　重新设计后装配图

4. 钻模轴加工验证

对钻模轴进行加工编程,需要掌握参数的含义、设置加工参数,会使用软件加工策略编程,最终掌握数控车削的外轮廓、螺纹的加工工艺及编程。

加工零件图,如图 8-67 所示。

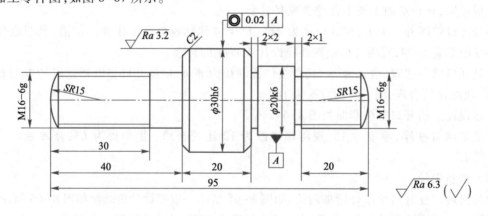

技术要求

调质处理,硬度28~34HRC。

图 8-67　加工零件图

【任务分析】

零件图上可以看出这是一个包含圆弧、倒角、切槽和螺纹的轴类零件,基本涵盖了数控车床外轮廓的常见加工内容,有一定的加工难度。从加工工艺的角度出发,针对加工尺寸精度要求及形位公差要求,合理安排加工工艺,重点要考虑螺纹退刀槽、螺纹外圆的加工尺寸计算及螺纹的加工深度,还要合理设置加工参数及切削用量,改善加工过程中的断屑与冷却,提高加工过程中的刀具寿命。综合以上考虑,拟定如表8-1所示的加工工序表。

表8-1 加工工序表

工序	工序内容	$S/(\text{r/min})$	$F/(\text{mm/r})$	A_{p}/mm	T	余量/mm	说明
1	粗车右端面	800	0.25	0.5	45°外圆刀	0.2	切平为止,注意毛坯装夹长度
2	精车右端面	1 000	0.1	0.2	45°外圆刀	0	
3	粗车外轮廓	800	0.25	1	75°外圆刀	径向0.25 轴向0.1	至56 mm 处
4	精车外轮廓	1 100	0.1	0.25	75°外圆刀	0	至56 mm 处
5	切槽	400	0.08		1 mm 槽刀	0.15(粗加工)	两处
6	车螺纹	150			60°螺纹刀		螺距2 mm
7	掉头粗车端面	800	0.25	0.5	45°外圆刀	0.2	
8	精车端面	1 100	0.1	1	45°外圆刀	0	保长度尺寸
9	粗车外轮廓	800	0.25	0.25	75°外圆刀	径向0.25 轴向0.1	至42 mm 处
10	精车外轮廓	1 100	0.1		75°外圆刀	0	至42 mm 处
11	车螺纹	150			60°螺纹刀		螺距2 mm

说明:本加工工艺以单件小批量生产为纲领,加工工艺是随着零件的生产纲领而变化的,螺纹的加工工艺也有很多种,特此说明。

【任务实施】

步骤1 新建文件。在此多对象文件中新建加工文件,可以单击"零件/装配"或"加工方案",弹出新建"加工方案"窗口,文件命名为"轴加工",如图8-68所示。

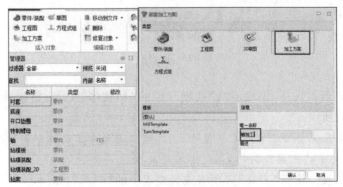

图8-68 新建加工方案文件

步骤 2 调入轴模型。选择"几何体"选项卡,再选择"打开"命令,从相应的目录中打开文件如图 8-69a 所示,并选择造型,单击"确定"按钮调入轴,如图 8-69b 所示。

轴加工
准备工作

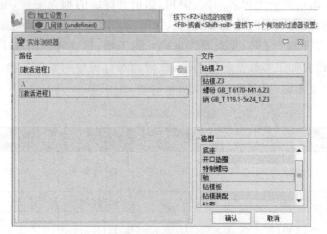

(a) 调入几何体选择目录

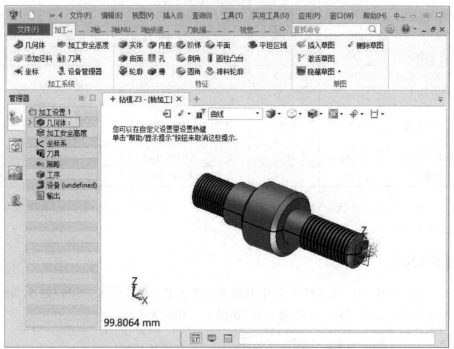

(b) 调入轴

图 8-69 调入轴模型

步骤 3 添加坯料。选择"添加坯料"选项卡中的"圆柱体"命令,坐标轴选择 X 轴负半轴,参数设置如图 8-70 所示。

注意:毛坯的设置尽量按照实际毛坯尺寸进行,可以避免加工过程中由于毛坯尺寸不合理造成的很多错误。软件支持直接绘制的毛坯,格式是 *.stl。

步骤 4 添加刀具。选择"刀具"选项卡或管理器中的"刀具",如图 8-71a 所示,依据加工工序表的安排,需要设置四把刀具,分别是 C45 外圆刀,如图 8-71b 所示,C75 外圆刀,如图 8-71c 所示,C4R1 切槽刀如图 8-71d 所示和 L60 螺纹刀如图 8-71e 所示,如果有需要再根据实际要求设置刀具。

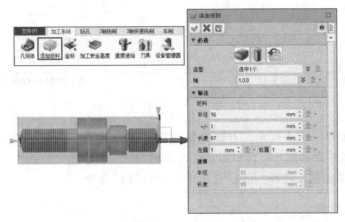

图 8-70　添加坯料

步骤5　粗车端面。选择"车削"选项卡中的"端面"命令,如图 8-72a 所示。

首先,在"选择特征"区域选择"零件"和"坯料",分别双击如图 8-72b 所示的"零件"和"坯料"即可。

然后设置进给速度与主轴速度。双击"工序"区域的端面 1,选择"主要参数"中的"刀具与速度进给",如图 8-72c 所示,依据拟定的工艺参数,设置对应粗加工的主轴速度与进给速度。

(a) 创建刀具

轴加工
右侧加工

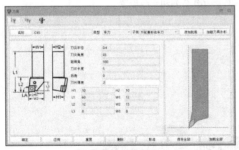

(b) 创建C45外圆车刀

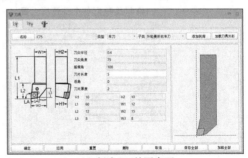

(c) 创建C75外圆车刀

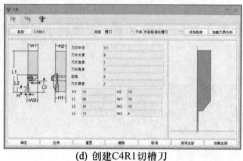

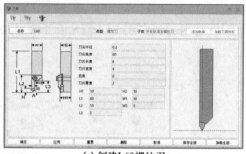

(d) 创建C4R1切槽刀　　　　　　　　　(e) 创建L60螺纹刀

图 8-71　添加刀具

设置公差和步距,如图 8-72d 所示。刀轨参数设置,如图 8-72e 所示。最后选择 C45 刀具并计算,计算结果和仿真结果如图 8-72f 和图 8-72g 所示。

　　步骤 6　精加工端面。选择"车削"选项卡中的"端面"命令。

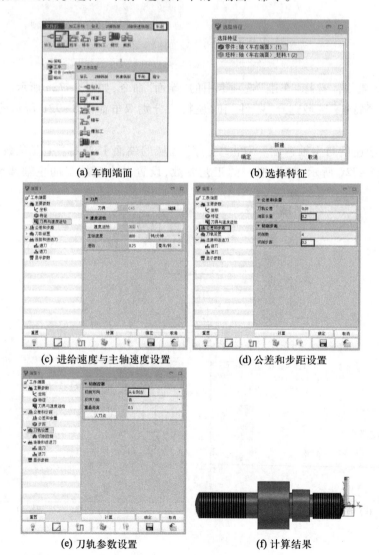

(a) 车削端面　　　　　　　　　　(b) 选择特征

(c) 进给速度与主轴速度设置　　　　　(d) 公差和步距设置

(e) 刀轨参数设置　　　　　　　　(f) 计算结果

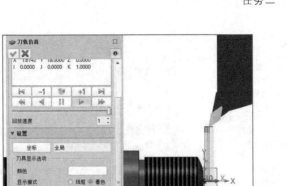

(g) 仿真结果

图 8-72　粗车端面

选择"零件和毛坯"为加工特征,选择 C45 车刀为加工刀具。参数设置如图 8-73 所示。主轴速度与进给速度按工序表给定值设定即可。

说明:用鼠标双击工序前的图标,可显示和隐藏刀具路径。

步骤 7　粗车外轮廓。选择"车削"选项卡中的"粗车"命令。刀具选择 C75,在"选择特征"区域选择"零件"和"毛坯"。其他参数设置如图 8-74 所示。

注意:记得粗加工按工艺设置加工余量。

(a) 进给速度与主轴速度设置

(b) 公差和步距设置

图 8-73 精加工端面

说明：

(1)"主要参数"依据拟定的工艺参数设定；"限制参数"中的"左裁剪点"和"右裁剪点"其实就是限制加工的区域。保证两端加工后可去除全部材料。

(2)加工特征可以直接选取零件模型和毛坯，也可以选择零件的二维剖面图作为轮廓，剖面轮廓一定要保证封闭性，否则无法生成刀具路径。

(a) 选择特征

(b) 进给速度与主轴速度设置

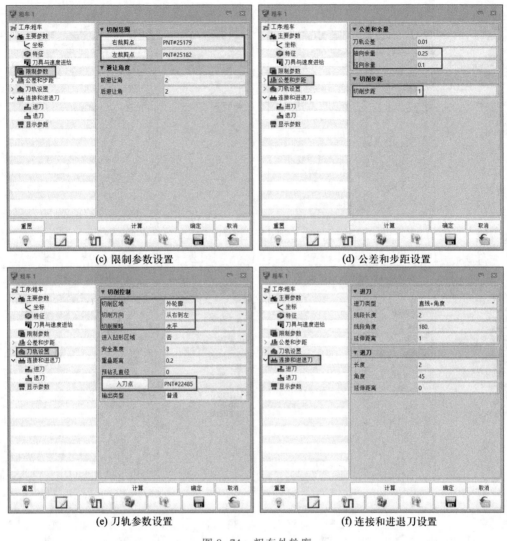

(c) 限制参数设置   (d) 公差和步距设置

(e) 刀轨参数设置   (f) 连接和进退刀设置

图 8-74 粗车外轮廓

（3）数控车床的切削用量是关键参数，主轴速度、进给速度、背吃刀量三个参数设置合理，则断屑效果好、加工效率高、刀具寿命长、表面精度高，反之事倍功半。

步骤 8 **精加工外轮廓**。选择"车削"选项卡中的"精车"命令，选取 C75 车刀，在"选择特征"区域选择"零件"和"毛坯"。部分参数如图 8-75a ~ d 所示，端面和轮廓加工完的仿真结果如图 8-75e ~ f 所示。

注意：

（1）精加工应适度提高一些主轴速度，降低进给速度，以提高表面质量。

（2）记得将"轴向余量"和"径向余量"改为 0。

（3）"限制参数"中的"左裁剪点"一定要位于粗加工左裁剪点的右面，不然会撞刀。

（4）"刀轨设置"中的"进入凹型区域"应选择"否"，以免刀具切到槽里。

步骤 9 **切槽**。选择"车削"选项卡中的"槽加工"命令，刀具选择 C1R0.1，在"选择特征"区域选择"零件"和"毛坯"。其他参数设置如图 8-76 所示。

(a) 刀具与速度进给设置

(b) 限制参数设置

(c) 公差和步距设置

(d) 连接和进退刀设置

(e) 刀路显示

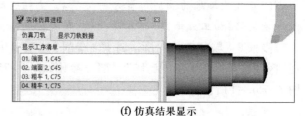

(f) 仿真结果显示

图 8-75　精加工外轮廓

说明：

（1）其余参数按默认设置即可。

（2）选择刀具时一定要保证槽刀的 R 角小于实际要求的圆角。

（3）"粗加工厚度"指的是粗加工留给精加工的余量。

(a) 刀具与速度进给设置

(b) 限制参数设置

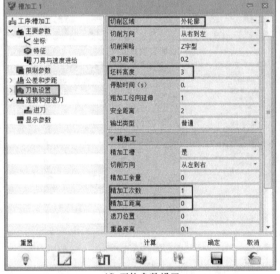

(c) 公差和步距设置

(d) 刀轨参数设置

图 8-76　切槽

（4）"切削区域"有"内轮廓"和"外轮廓"，这里选择"外轮廓"。

（5）"精加工槽"设置为"是"，粗加工完毕后用槽刀对槽的表面进行精加工。

（6）"退刀位置"指的是精加工槽时两端进刀的中间分界点，该功能是中望 3D 软件在数控车床编程领域的主要特色，具有方便、快捷与人性化的特点。

步骤 10　切螺纹。选择"车削"选项卡中的"螺纹"命令，刀具选择 L60，在"选择特征"区域选择"零件"和"毛坯"。其他参数设置如图 8-77a ~ d 所示，刀路显示如图 8-77e 所示，仿真加工结果如图 8-77f 所示。

说明：

（1）一般的螺纹转速按 $n \leqslant 1\,200/P\text{-}K$ 来计算，其中 P 为螺距，K 为安全系数（一般取 80），

综合刀具与进给速度,此案例给定转速为 150 r/min。

(2) 由于螺纹为 M16×2 mm,此案例加工方式采用直进刀式,即"螺纹类型"为"简单循环"。

(3) "切削深度"为螺纹粗加工时每一刀进给的深度,为半径值。"限制参数"中的"位置"只要选择光轴外轮廓中要加工螺纹线段上的任意点即可。

(4) "螺纹长度"指的是螺纹的有效长度,通过指定长度,可以限定加工范围。

(a) 限制参数设置

(b) 公差和步距设置

(c) 刀轨参数设置

(d) 进退刀设置

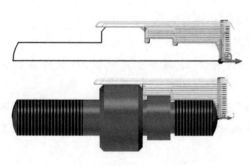

(e) 刀路显示

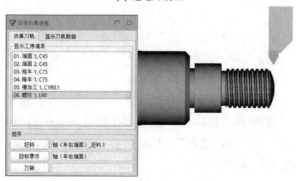

(f) 仿真结果显示

图 8-77　切螺纹

至此右端加工工序全部完成。

步骤 11 掉头加工。左端可以参考右端的设置方法,按照工序表给定参数,完成加工。如果在同一文件中完成,需要创建一个新的加工坐标系如图 8-78a 所示,然后掉头后均采用此坐标系作为加工坐标系,如图 8-78b 所示。两端加工工序管理可参见图 8-78c 所示。

其他操作步骤参照右端加工参数设置完成,此处不再赘述。

步骤 12 仿真。选择"管理器"中的"工序",选择某一加工工序,单击鼠标右键,进行仿真,也可以仿真全部工序。多工序仿真结果如图 8-79 所示。

步骤 13 设置加工设备。选择"管理器"中的"设备",进入如图 8-80 所示的设备管理器界

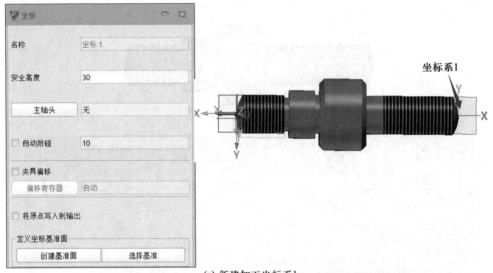

(a) 新建加工坐标系1

轴加工
左侧加工

(b) 加工坐标系选择

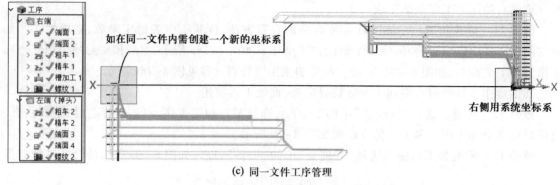

(c) 同一文件工序管理

图 8-78 掉头加工

图 8-79 多工序仿真结果

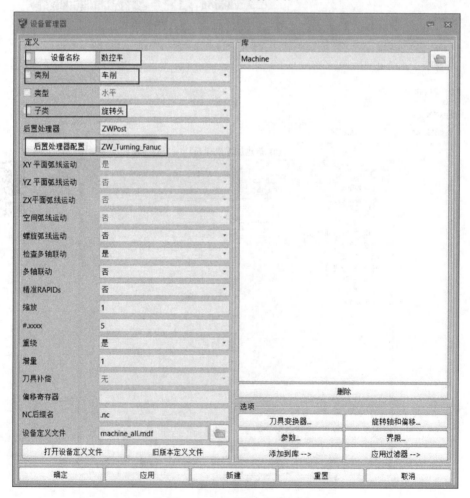

图 8-80 设备管理器设置

面,"类别"选择"车削","子类"选择"旋转头","后置处理器配置"选择"ZW_Turning_Fanuc",最后单击"确定"按钮完成设置。

步骤14　后置处理。选择"管理器"中的"工序"→"右端",单击鼠标右键,在下拉菜单中选择"输出"。在"输出"子菜单中选择"输出所有NC",如图8-81a所示。程序如图8-81b所示。

(a) 后置处理设置　　　　　　　　　(b) 输出NC加工程序

图8-81　后置处理

步骤15　程序传输至数控车床并加工。

后置处理完毕后,通过传输软件或者CF卡传输或拷贝至CNC,对刀后操作数控车床,就可以加工出对应的零件。

本任务主要通过一个包含外螺纹、外圆弧面、槽、倒角为特征的轴类零件,分析其加工工艺,通过中望3D软件的车削功能,设置加工参数、加工刀具,选择加工设备种类,进行后置处理并完成加工。

轴加工
后置处理

任务三　模型仿真验证

【任务描述】

本任务来自机械产品三维模型设计职业技能等级认证题库。

如图8-82所示根据给定的"加工件"模型,对指定的加工表面进行数控程序编制(如图中标记的面),具体要求如下:

(1) 整个加工过程一次装夹完成;

(2) 毛坯为100×100×30的方料,编制出粗加工和精加工的刀路,精加工结果的余量为0;

(3) 程序编制要科学合理,并且实体仿真验证正确;

（4）选用 FANUC 的数控机床后处理程序生成 NC 代码，命名为"数控加工"，保存格式为 .nc。

提交作品为：

（1）"加工件"模型（程序编制完成后的源文件格式）；

（2）"数控加工.nc"文件。

图 8-82　加工件

【任务分析】

从任务模型上可以看出，这是一个结构相对简单，没有不规则结构的模型，适合两轴铣削加工。拟定如表 8-2 所示的加工工艺流程。

表 8-2　加工工艺流程

工序	工序内容	$S/(\text{r/min})$	$F/(\text{mm/r})$	A_p/mm	T	余量/mm	说明
1	粗铣工件加工轮廓（轮廓切削）	2 800	3 000	2	D10 平铣刀	侧面余量 0.25 底面余量 0.15	
2	粗铣中间键形槽（螺旋切削）	2 800	3 000	2	D10 平铣刀	侧面余量 0.25 底面余量 0.15	
3	精铣工件加工轮廓（轮廓切削）	3 500	2 500	0.2	D10 平铣刀	侧面余量 0 底面余量 0	
4	精铣中间键形槽（螺旋切削）	3 500	2 500	0.2	D10 平铣刀	侧面余量 0 底面余量 0	

【任务实施】

步骤 1　新建文件。单击系统工具栏上的"新建对象文件"按钮，类型选择"加工方案"，模板选择"默认"，命名为"数控加工"，如图 8-83 所示。单击"确定"按钮，进入加工界面。

步骤 2　调入几何体。选择"几何体"选项卡如图 8-84a 所示，然后单击"打开"命令，在存放对应文件的目录中选择需要编辑的三维文件，单击"确定"按钮调入几何体，如图 8-84b 所示。

注意：在调入几何体时，一定要注意坐标系一致。若不一致，最好在三维造型里面移动模型使它们一致。

步骤 3　添加坯料。选择"添加坯料"选项卡中的"长方体"命令，坯料参数按任务给定参数值设定，如图 8-85 所示。

步骤 4　选择刀具。选择"刀具"选项卡，依据加工工艺的安排，设置一把 D10 平底铣刀即可，如图 8-86 所示。

步骤 5　粗铣面 1。

（1）选择"两轴铣削"选项卡中的"轮廓"命令，刀具选择 D10，特征选择"轮廓 1"，如图 8-87 所示。

铣粗加工

图 8-83　新建文件

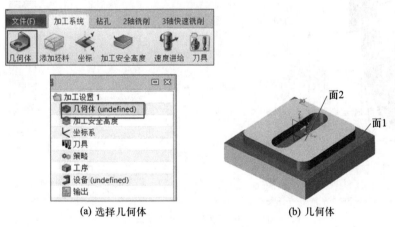

(a) 选择几何体　　　　　　　(b) 几何体

图 8-84　调入几何体

（2）轮廓切削 1 参数设置如图 8-88a～e 所示，计算结果如图 8-88f 所示。

（3）选择"工序"选项卡，鼠标右键单击"轮廓铣削 1"，选择"实体仿真"，如图 8-89a 所示，仿真结果如图 8-89b 所示。

步骤 6　粗铣面 2。粗铣工件中间形槽（螺旋切削 1）。

（1）选择"两轴铣削"选项卡中的"螺旋"命令，刀具选择 D10，特征选择"轮廓 2"，如图 8-90 所示。

（2）轮廓切削 1 参数设置如图 8-91a～e 所示，计算结果如图 8-91f 所示。

（3）选择"工序"选项卡，鼠标右键单击"螺旋铣削 1"，选择"实体仿真"，如图 8-92a 所示，仿真结果如图 8-92b 所示。

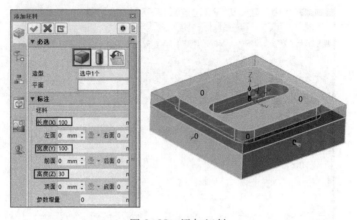

图 8-85 添加坯料

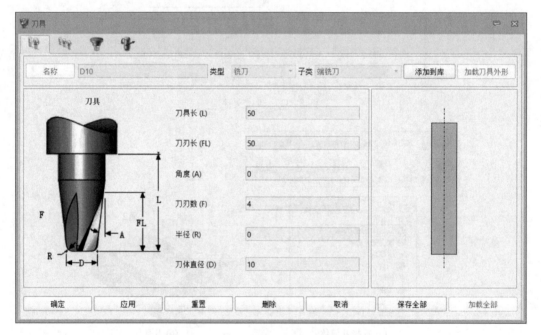

图 8-86 创建 D10 平底铣刀

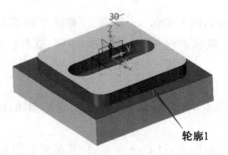

轮廓1

图 8-87 选择轮廓 1

(a) 刀具与速度进给设置

(b) 限制参数设置

(c) 公差和步距设置

(d) 刀轨参数设置

(e) 连接与进退刀设置

(f) 结果显示

图 8-88　粗铣面 1

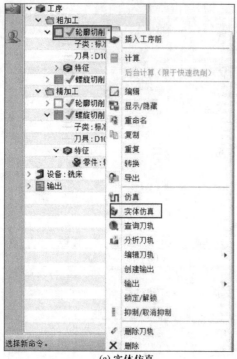

(a) 实体仿真

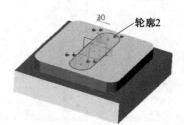

(b) 仿真结果

图 8-89 仿真加工

图 8-90 选择轮廓 2

(a) 刀具与速度进给设置

(b) 限制参数设置

(c) 公差和步距设置

(d) 刀轨参数设置

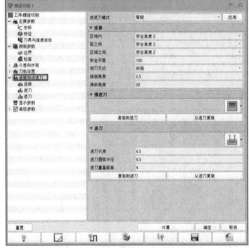

(e) 连接与进退刀设置

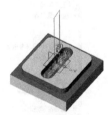

(f) 结果显示

图 8-91　粗铣面 2

(a) 实体仿真

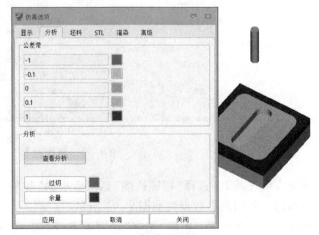

(b) 仿真结果

图 8-92　仿真加工

步骤 7　精铣面 1。选择"两轴铣削"选项卡中的"轮廓"命令。刀具选择 D10,特征选择"轮廓 1",与粗加工不同的参数设置如图 8-93 所示。

铣精加工

图 8-93　精铣面 1

步骤 8　精铣面 2。选择"两轴铣削"选项卡中的"螺旋"命令。刀具选择 D10,特征选择"轮廓 2",与粗加工不同的参数设置如图 8-94 所示。

步骤 9　全工序仿真。选择"工序"选项卡上所有工序,单击鼠标右键,选择"实体仿真",如图 8-95a 所示,仿真结果如图 8-95b 所示。

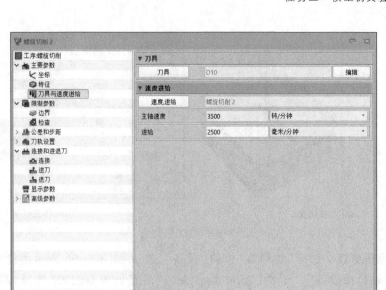

(a) 刀具与速度进给设置

(b) 公差和步距设置

图 8-94　精铣面 2

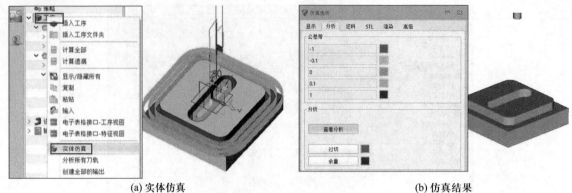

(a) 实体仿真　　　　　　　　　　　　　　　　　(b) 仿真结果

图 8-95　全工序仿真

步骤 10　设备管理。选择"管理器"中的"设备",进入如图 8-96 所示的设备管理器界面,"类别"选择"三轴机械设备","子类"选择"旋转头","后置处理器配置"选择"ZW_Fanuc_3X",最后单击"确定"按钮完成设置。

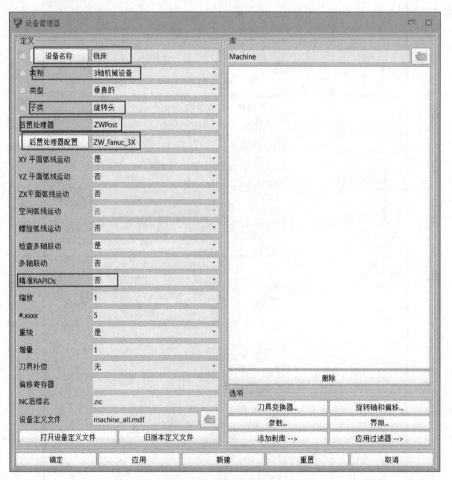

图 8-96　设备管理器界面

步骤 11　后置处理。选择"管理器"中的"工序",单击鼠标右键,在下拉菜单中选择"输出"。在"输出"的子菜单中选择"输出所有 NC",如图 8-97a 所示。后置处理完毕后,程序如

图 8-97b 所示。

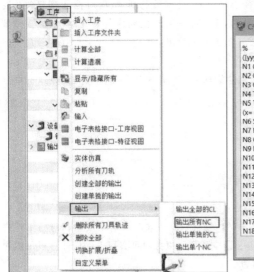

(a) 后置处理设置

(b) 输出NC加工程序

图 8-97 后置处理

最后按任务要求提交文件。

项目总结

本项目通过三个综合性实例，完成了产品从建模、装配、装配校验、创新设计到零件加工的全过程学习，通过学习可以初步掌握产品设计，加工的一般流程，为从事产品设计及制造相关工作打下一定的基础。

【榜样力量】

在一根头发丝上书写单词，对一粒大米进行雕刻，听来仿佛是天方夜谭，但这早已不足为奇。由中国五矿所属中钨高新金洲公司（以下简称"金洲公司"）研发的直径为 0.01 mm 的极小径铣刀，是世界最小直径的铣刀，利用这种约为人类头发丝直径 1/8 的极小径铣刀，在一根头发丝上能够铣出 7 个字母，在一粒米上能够成功铣出 56 个汉字，其精密精妙，让人叹为观止。

制造业决定了一个国家的综合实力和国际竞争力，而工具的精细度，则体现出一个国家制造业基础工艺的水平。铣刀是具有一个或多个刀齿的旋转刀具，作为制造加工过程中所要用到的重要工具，铣刀精细度能在一定程度上反映出制造加工能力的强弱，是制造加工业的重要参考指标。

一支极小径单刃铣刀看似寻常，却内有乾坤，形态复杂。它需要在直径 0.01 mm 的硬质合金圆柱体上，磨削出端齿后角、侧隙角、螺旋槽等六个部分，其结构设计和加工难度，不言而喻。积微成著、厚积薄发，是掌握毫厘之功最有效的途径，也是金洲公司成功研制出直径 0.01 mm 的极小径铣刀的关键所在。

一把小小的微铣刀，也能够释放出巨大潜能。实现直径 0.01 mm 极小径铣刀的机上加工实验，打破了我国长期以来在该领域受制于人的局面。这项新突破能够极大地助力我国电子信息、医疗等诸多领域的提质升级，未来也将促进微型加工工具在我国更快更好地突破发展。金洲公司用 36 年时间，实现了跨越，并以"十年磨剑"的意志，向极小径铣刀和钻头发起冲击。长期以来，微型刀具的技术为国外企业垄断，"卡脖子"的事情时有发生。2021 年初，中国五矿 0.01 mm 极小径铣刀开发项目负责人厉学广接到一家企业紧急求援 0.01 ~0.04 mm 微铣，"当时我们还不具备这种能力，只能看在眼里，急在心头。"形势逼人，挑战逼人，使命逼人，整个项目团队加快

了研发节奏。先后经历数十个方案，无数次实验，极小径铣刀的研发过程，充满挑战和惊喜。探索路上，分毫计较，"入之愈深，其进愈难，而其见愈奇"，研发人员相继突破刃径小易折断、结构难磨削、精度难控制等瓶颈。在2021年国庆节前夕，终于生产出我国第一支 0.01 mm 极小径铣刀，走出了一条自主创新的腾飞路，创造了微型精密刀具行业的"中国精度"，在这成绩的背后，承载着无数研发人员的匠心付出。

说来寥寥数语，其实过程艰苦又漫长。

让美好蓝图变为生动现实的背后，是科技工作者严谨细致、精耕细作的工作作风和态度，也是他们那"一锤接着一锤敲"的韧劲和定力。

⚙ 项目实战

【综合训练】

本综合训练来自全国 CAD 等级考证（三维数字建模师）考题。

使用机用虎钳时，需要将工件放在两钳口板之间，通过旋转手柄带动螺杆旋转并向左推动活动钳身将工件夹紧；逆时针旋转手柄带动螺杆旋转向右移动，螺杆带动 U 形块和卡套拉动活动钳身即可实现工件松开。机用虎钳爆炸图如图 8-98 所示，装配图及零件图如图 8-99 ～图 8-110 所示。

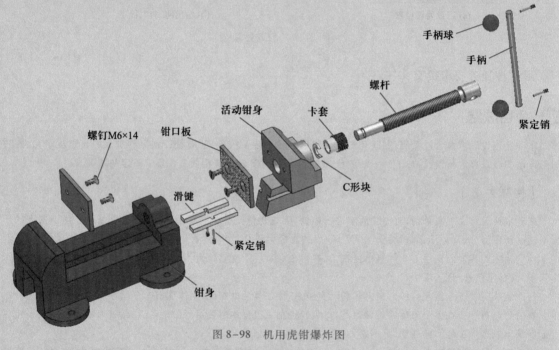

图 8-98　机用虎钳爆炸图

【训练要求】

1. 熟悉机用虎钳工作原理和装置结构特点。
2. 根据图样完成机用虎钳的非标零件建模。
3. 根据国家标准完成机用虎钳的标准件建模。
4. 根据装配图完成机用虎钳的装配，并进行装配管理。
5. 根据实际拆装顺序，完成组件爆炸图和爆炸动画。
6. 完成零件与装配的高级出图。
7. 试完成机用虎钳的工作仿真动画。

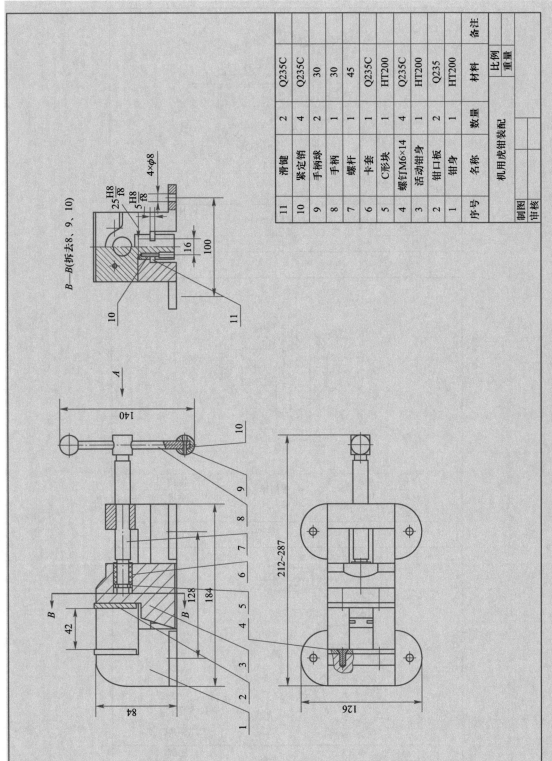

图 8-99　机用虎钳装配图

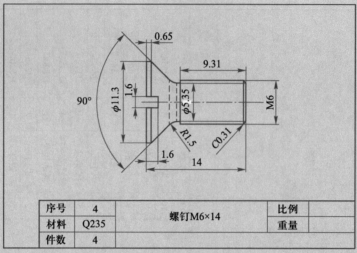

序号	4	螺钉M6×14	比例	
材料	Q235		重量	
件数	4			

图 8-100　螺钉 M6×14

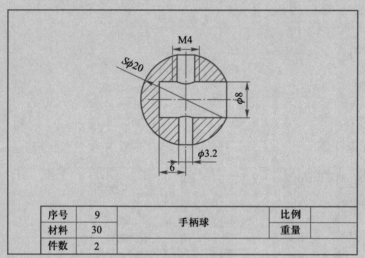

序号	9	手柄球	比例	
材料	30		重量	
件数	2			

图 8-101　手柄球

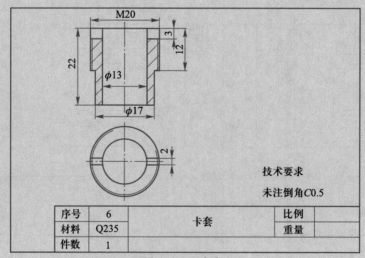

技术要求

未注倒角C0.5

序号	6	卡套	比例	
材料	Q235		重量	
件数	1			

图 8-102　卡套

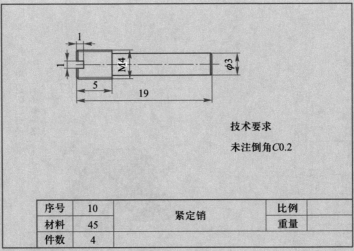

技术要求

未注倒角C0.2

序号	10	紧定销	比例	
材料	45		重量	
件数	4			

图 8-103　紧定销

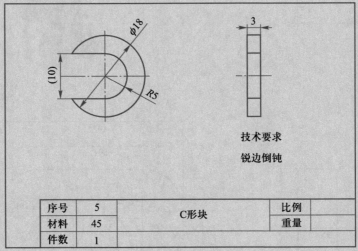

技术要求

锐边倒钝

序号	5	C形块	比例	
材料	45		重量	
件数	1			

图 8-104　C形块

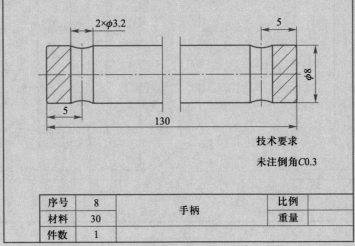

技术要求

未注倒角C0.3

序号	8	手柄	比例	
材料	30		重量	
件数	1			

图 8-105　手柄

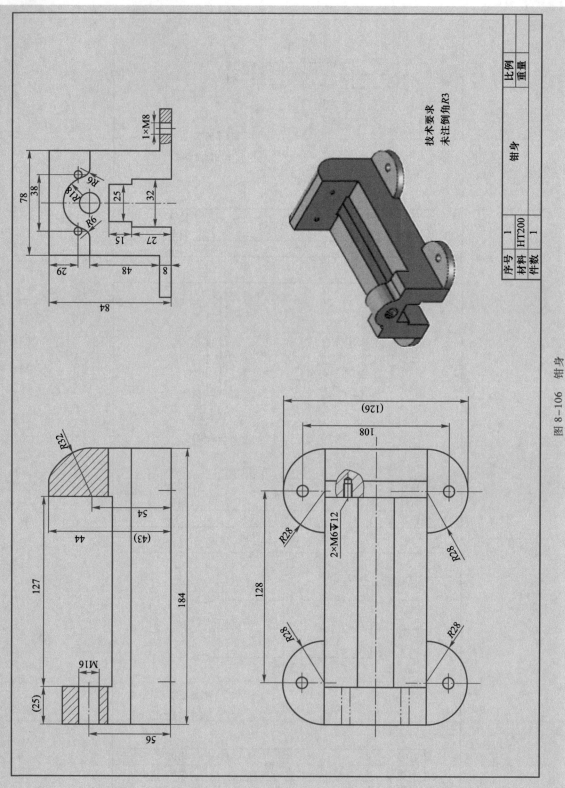

图 8-106 钳身

技术要求
未注倒角R3

序号	1		比例	
材料	HT200	钳身	重量	
件数	1			

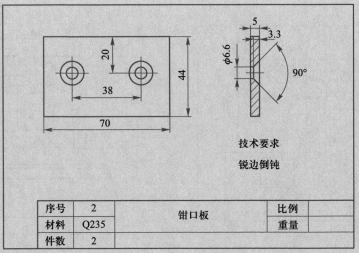

技术要求

锐边倒钝

序号	2	钳口板	比例	
材料	Q235		重量	
件数	2			

图 8-107 钳口板

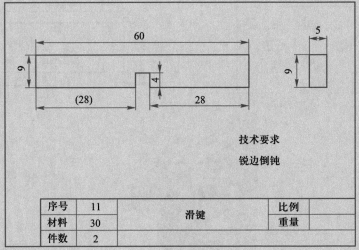

技术要求

锐边倒钝

序号	11	滑键	比例	
材料	30		重量	
件数	2			

图 8-108 滑键

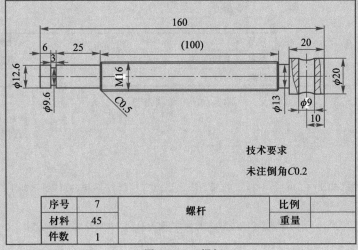

技术要求

未注倒角C0.2

序号	7	螺杆	比例	
材料	45		重量	
件数	1			

图 8-109 螺杆

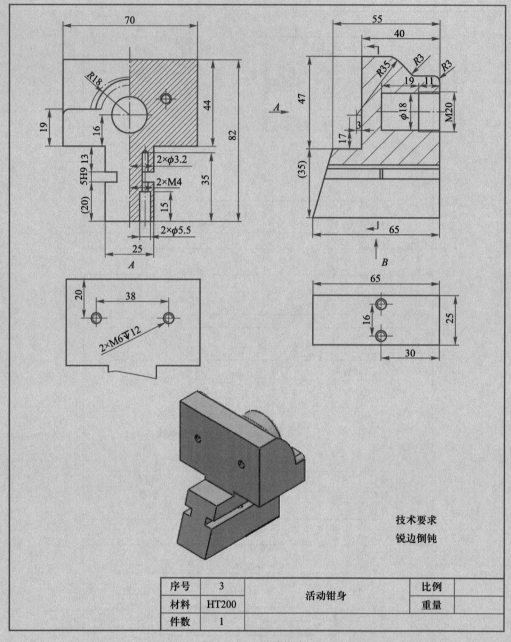

图 8-110　活动钳身

【企业案例】

任务：模型仿真验证

根据给定数据中的"加工件"模型，对指定的加工表面进行数控程序编制，具体要求如下：

（1）整个加工过程一次装夹完成；

（2）参照图 8-111，精加工给定模型内腔，默认侧壁余量为 0.3 mm、底面余量为 0.2 mm，精加工结果余量为 0；

（3）程序编制要科学合理，并且实体仿真验证正确；

（4）选用 FANUC 的数控机床后处理生成 NC 代码，命名为"数控加工"，保存格式为 .nc。

提交作品：

（1）"加工件"模型（程序编制完成后的源文件格式）；

（2）"加工件 .nc"文件。

图 8-111 加工件模型

参 考 文 献

［1］ 付宏生,王文.产品开发与模具设计从国赛到教学［M］.北京:机械工业出版社,2014.

［2］ 柴鹏飞,赵大民.机械设计基础［M］.北京:机械工业出版社,2017.

［3］ 高平生.中望3D建模基础［M］.北京:机械工业出版社,2021.

［4］ 钱可强.机械制图.5版［M］.北京:高等教育出版社,2018.

［5］ 全国技术产品文件标准技术委员会.技术产品文件标准汇编:机械制图卷［M］.北京:中国标准出版社,2009.

读者意见反馈

为收集对教材的意见建议,进一步完善教材编写并做好服务工作,读者可将对本教材的意见建议通过如下渠道反馈至我社。

咨询电话 400-810-0598

反馈邮箱 gjdzfwb@pub.hep.cn

通信地址 北京市朝阳区惠新东街4号富盛大厦1座
　　　　 高等教育出版社总编辑办公室

邮政编码 100029

高等职业教育
智能制造专业群
新专业教学标准课程体系

- 体系化设计
- 模块化课程
- 项目化资源

机械设计方向专业

机械设计与制造 / 机械制造及自动化 / 数字化设计与制造技术 / 增材制造技术

机械制造工艺
机械 CAD/CAM 应用
工装夹具选型与设计
生产线数字化仿真技术
产品数字化设计与仿真

增材制造技术
产品逆向设计与仿真
增材制造设备及应用
增材制造工艺制订与实施

自动化方向专业

机电一体化技术 / 电气自动化技术 / 智能机电技术

机械产品数字化设计
可编程控制器技术
机电设备故障诊断与维修
电机与电气控制
自动控制原理

机电设备装配与调试
运动控制技术
自动化生产线安装与调试
工厂供配电技术
工业网络与组态技术

专业群平台课

机械制图与计算机绘图
机械设计基础
公差配合与测量技术
液压与气压传动
工程力学
工程材料及热成形工艺

电工电子技术
电气制图及 CAD
智能制造概论
工业机器人技术基础
传感器与检测技术
金工实习

机器人方向专业

工业机器人技术
智能机器人技术

工业机器人现场编程
智能视觉技术应用
工业机器人应用系统集成
协作机器人技术应用

工业机器人离线编程与仿真
数字孪生与虚拟调试技术应用
工业机器人系统智能运维

数控模具方向专业

数控技术
模具设计与制造

数控机床故障诊断与维修
数控加工工艺与编程
多轴加工技术
智能制造单元生产与管理

冲压工艺与模具设计
注塑成型工艺与模具设计
注塑模具数字化设计与智能制造

工业网络方向专业

工业互联网应用
智能控制技术

制造执行系统应用（MES）
工业网络技术
工业数据采集与可视化
工业互联网平台应用

工业互联网基础
工业互联网标识解析技术应用
工业 App 开发